FORSCHUNGSBERICHTE DES LANDES NORDRHEIN-WESTFALEN

Nr. 1338

Herausgegeben

im Auftrage des Ministerpräsidenten Dr. Franz Meyers

von Staatssekretär Professor Dr. h. c. Dr. E. h. Leo Brandt

Dr.-Ing. Hans-Joachim Crasemann

Dr.-Ing. Manfred Meyer

Untersuchungen durchgeführt im Jahre 1960 am
Institut für Werkzeugmaschinen und Umformtechnik
Technische Hochschule Hannover
(Leiter: Prof. Dr.-Ing. Dr.-Ing. E. h. O. Kienzle)
im Auftrage der Forschungsgemeinschaft Schleifscheiben Beuel

Der Verschleiß an Preßformen bei der Herstellung von Schleifkörpern

Springer Fachmedien Wiesbaden GmbH

ISBN 978-3-663-06054-3 ISBN 978-3-663-06967-6 (eBook)
DOI 10.1007/978-3-663-06967-6

Verlags-Nr. 011338

Ursprünglich erschienen bei Westdeutscher Verlag 1964 ·

Inhalt

0. Einleitung

Im Auftrage des Technischen Forschungsausschusses der Schleifmittelindustrie und mit finanzieller Unterstützung des Landes Nordrhein-Westfalen wurde der Verschleiß an Preßformen zur Herstellung von Schleifscheiben untersucht, mit dem Ziel, zu wirtschaftlicheren Formen zu kommen.

Seit längerer Zeit sucht die Schleifmittelindustrie durch bessere Formenwerkstoffe oder Panzern der Formenwand mit Aufschweißwerkstoffen die Standmenge der Formen zu erhöhen. Auch fehlt es bei der Stahlindustrie nicht an Bemühungen, verschleißfestere Werkstoffe zu finden. Naturgemäß sind von den einzelnen Firmen verschiedene Wege beschritten worden. Ihre Ergebnisse kennenzulernen und dabei den Verschleißvorgang selbst zu untersuchen, war Voraussetzung, geeignete Wege zur Verbesserung der Preßformen aufzufinden. Das Ergebnis dieser Untersuchung wird in den Abschnitten 1 und 2 des Berichtes besprochen.

In Abschnitt 3 sind die zur Verbesserung der Preßformen möglichen Wege systematisch zusammengestellt. Von ihnen wurde die Auskleidung von Preßformen mit verschleißfesten Blechen als sehr aussichtsreich erachtet und ein Verfahren ausgearbeitet, nach dem man einen aus verschleißfestem Blech gebogenen Ring in einen Stützring auswechselbar einkleben kann. Die Herstellung des Auskleidungsringes und das Einkleben in den Stützring wird in Abschnitt 4 beschrieben. Die auf diese Weise hergestellten Preßformen wurden im praktischen Einsatz erprobt und haben sich bewährt. Über die Ergebnisse der Erprobung und den Anwendungsbereich wird am Schluß des gleichen Abschnittes berichtet.

Schließlich wird in Abschnitt 5 der Verschleißwiderstand von vier als wirtschaftlich erachteten Werkstoffen für die Preßformen untersucht, miteinander verglichen und auf Grund der Stahlpreise eine Reihenfolge für die wirtschaftliche Anwendung vorgeschlagen.

1. Verschleißvorgang

Die Preßformen für Schleifkörper nutzen sich längs ihrer Wandung ungleichmäßig ab. Um die Verteilung des Verschleißes sichtbar zu machen, wurde eine abgenutzte Form an der Innenwand längs zur Preßrichtung und in fünf Höhen quer zur Preßrichtung mit einem Oberflächenmeßgerät (Leitz-Forster-Oberflächenmeßgerät) abgetastet (Abb. 1). Die Längsabtastung zeigte in Höhe der dem Preßstempel zugewandten Oberseite und der Unterseite des Preßlinges – bei Preßende – je eine Auskolkung. Die obere Auskolkung maß an ihrer tiefsten Stelle 0,44 mm und war wesentlich tiefer als die untere Auskolkung. Ihre Form erkennt man aus dem Teilausschnitt der Oberflächenlängsaufnahme. Die in den Querrauheitsaufnahmen 1–5 erkennbaren Täler stellen Querschnitte durch in Längsrichtung verlaufende Riefen dar, die von einzelnen Schleifkörnern in die Formenwand eingegraben worden sind. Ihre Tiefe ist gegenüber der Tiefe der Auskolkungen gering.

Das aufgezeigte Verschleißbild erklärt sich durch den unterschiedlichen Radialdruck und die unterschiedliche Gleitung der Schleifkörper beim Pressen längs der Formenwand. Der radial auf die Formenwand wirkende Druck weicht infolge der Reibung zwischen den Schleifkörnern und Bindungsbestandteilen der Preßmasse vom hydromechanischen Druck ab. Er ist kleiner als derjenige, der bei flüssigen Medien, wie z. B. Wasser oder Öl, auf die Formenwand wirken würde. Er ist überdies längs der Formenwand unterschiedlich groß, und zwar an den Krafteinleitstellen, d. h. nahe den Preßplatten am größten und in der Mitte zwischen ihnen am kleinsten (Abb. 2a). Die Gleitung, ausgedrückt durch die Anzahl der entlang einer Flächeneinheit gleitenden Schleifkörner, nimmt gemäß Abb. 2b von der Stellung der oberen Preßplatte bei Preßbeginn bis zu derjenigen bei Preßende zu und dann bis zur unteren Preßplatte wieder ab. Da der örtlich hervorgerufene Verschleiß mit der örtlich wirkenden Pressung und Gleitung ansteigt, erklärt es sich, daß sich die vorher beobachtete starke Auskolkung der Formwand an der Stelle A befindet, an der Pressung *und* Gleitung am größten ist. Die schwache Auskolkung an der Stelle B hat ihre Ursache ebenfalls in der dort wirkenden großen Pressung; sie ist aber weniger tief als erstere, weil die Gleitung an dieser Stelle gering ist. Zwischen den betrachteten Stellen ist der Verschleiß infolge der dort wirkenden geringeren Pressung kleiner. Neben diesem beim Pressen entstehenden Verschleiß ist auch mit einem Verschleiß beim Ausheben der Scheiben aus der Form zu rechnen. Er dürfte jedoch wesentlich kleiner sein als ersterer, weil der Radialdruck auf die Formenwand kleiner ist und der Preßling sich nach wenigen Millimetern Auspreßweg von der kegeligen Form abhebt.

Aus der Kenntnis des Verschleißvorganges kann die Einwirkung der Preßbedingungen auf den Formenverschleiß abgeschätzt werden. Der radial auf die

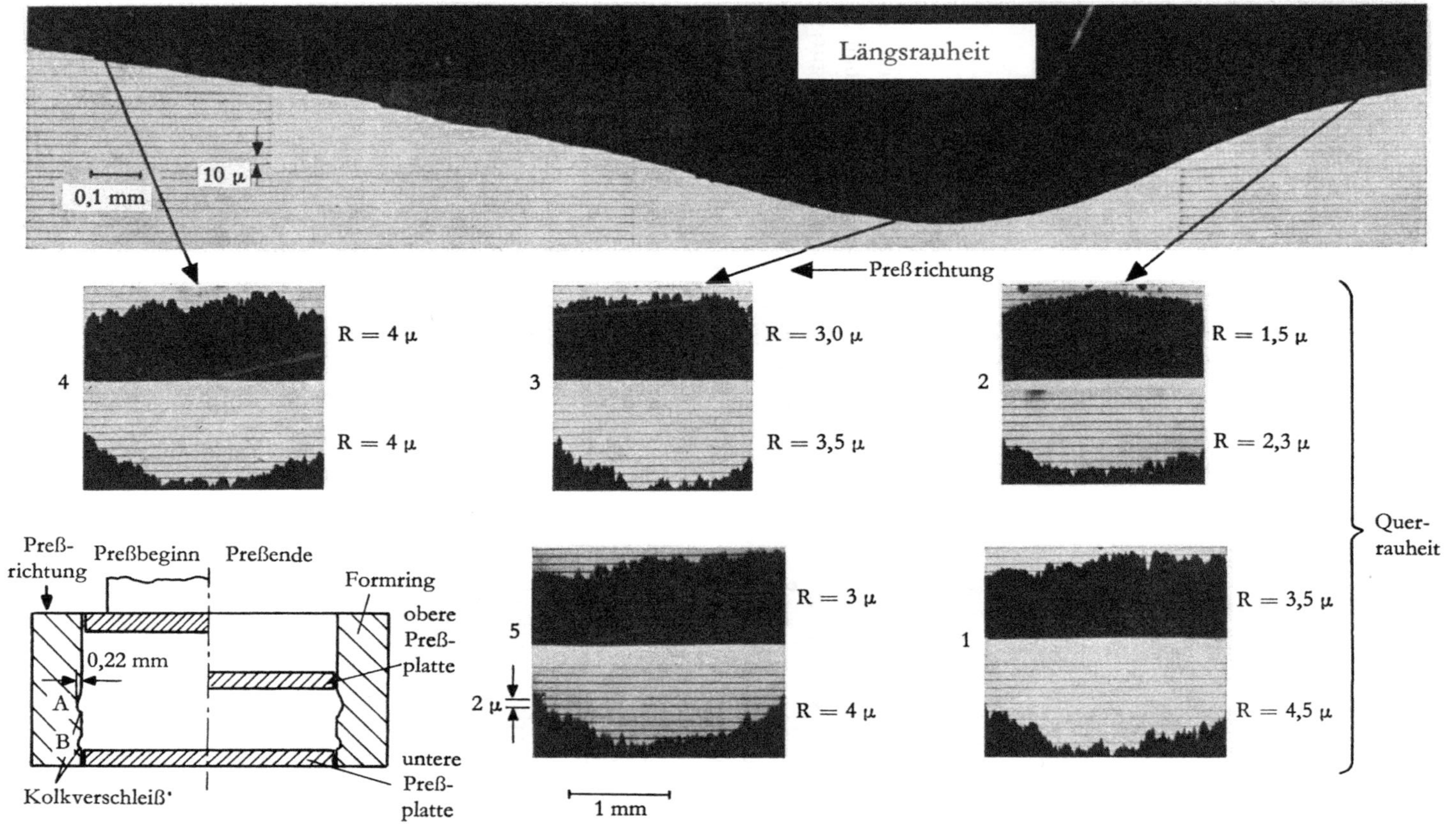

Abb. 1 Verschleiß an der Formenwand einer Preßform mit 130 mm Innendurchmesser Werkzeugstoff: 16 MnCr 5 (Härte 860–900 HV.)
Preßzahl: 600–800 Kolktiefe: 0,22 mm

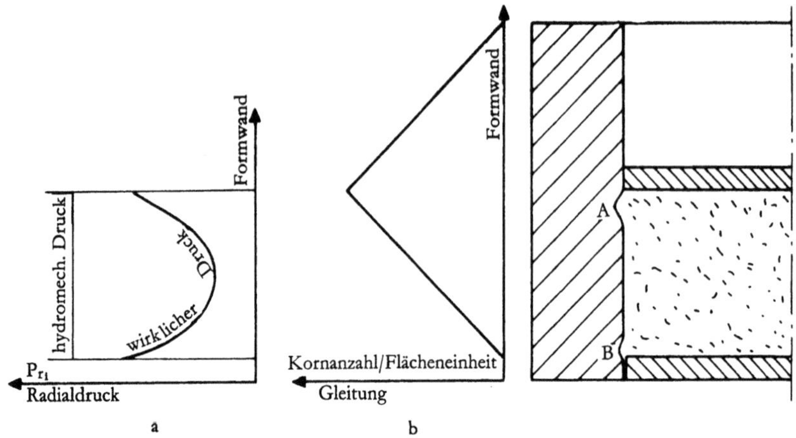

Abb. 2 Verlauf der Pressung und Gleitung längs der Formenwand (qualitativ)

Formenwand wirkende Druck und damit der Verschleiß steigt mit der Preßkraft und mit abnehmendem Preßlingdurchmesser. Letzteres deshalb, weil bei kleinen Preßlingdurchmessern die innere Reibung in der Preßmasse nicht so stark zur Geltung kommt wie bei großen Durchmessern, so daß ein größerer Anteil der axial eingeleiteten Preßkraft auf die Formenwand wirkt. Eigene Versuche mit ausgekleideten Preßformen verschiedenen Durchmessers zeigten in der Tat einen beträchtlichen Anstieg des Verschleißes mit abnehmendem Durchmesser. Bei eigenen Versuchen mit ausgekleideten Preßformen wurde auch ein Anwachsen des Verschleißes mit der Korngröße festgestellt. Das ist verständlich, weil große Körner während des Preßvorganges fester in der Preßmasse eingelagert sind als kleine. Hierdurch ritzen sie tiefere Furchen in die Formwandung ein als kleinere Körner, die innerhalb der Preßmasse leichter eine Lage zur Formwand einnehmen können, bei der die kleinste Reibung besteht und damit auch der kleinste Verschleiß eintritt.

2. Verschleißkriterium und Verschleißwiderstand

Das Verschleißkriterium für eine Preßform folgt hauptsächlich aus der Forderung, den Preßling unbeschädigt aus der Form ausstoßen zu können. Daneben besteht vor allem bei der Fertigung von Kleinstschleifkörpern, die nach dem Pressen nicht mehr bearbeitet werden sollen, der Wunsch nach besonderer Maßhaltigkeit.

Das Ausstoßen des Preßlings wird durch die Reibung an der Formenwandung behindert. Sie wächst mit zunehmender Rauheit der Wand. Dabei sind die Auskolkungen besonders gefährlich, denn der sich darin absetzende Werkstoff muß von der am Anfang der Ausbauchung stehengebliebenen Kante abgestreift werden, was zur Zerstörung der Scheibe führen kann. Die meisten Formen werden daher auf Grund zu hoher Kolktiefe unbrauchbar. Sie stellt deshalb das *Verschleißkriterium* dar, nach dem der Verschleißzustand der Form beurteilt werden muß. Die höchstzulässige Kolktiefe wurde aus Messungen an über 20 von Schleifscheibenherstellern als verschlissen bezeichneten Formen zu 0,35–0,5 mm ermittelt.

Für die Beurteilung des Verschleißwiderstandes von Preßformen (bzw. Preßformwerkstoffen) ist die *Standmenge*, d. i. die Anzahl der in einer Form durchgeführten Pressungen bis zu ihrem Erliegen, maßgeblich.

Für die Wirtschaftlichkeit der Preßform ist außer ihrem Verschleißwiderstand auch ihr Preis zu berücksichtigen. Zum Vergleich verschiedener Preßformen werden zweckmäßig die Kosten der Preßform auf die Anzahl der Pressungen bezogen. Dann ergibt sich folgende Gleichung zur Ermittlung der Wirtschaftlichkeit von Preßformen:

$$k = \frac{1}{n(N+1)}(K_F + N \cdot K_W - K_R) \qquad (1)$$

Darin bedeuten:

k = Formkosten je Pressung
n = Anzahl der Pressungen bis zur Nacharbeit
N = Anzahl der Nacharbeitungen
K_F = Kosten der neuen Form
K_W = Kosten für die Nacharbeit
K_R = Schrottwert der verschlissenen Form

3. Maßnahmen zur Verbesserung von Preßformen

Aus der Tatsache, daß die Preßform durch den Kolk erliegt, der an der Formwand nahe der oberen Preßplatte entsteht, folgt, daß die Standmenge n der Preßform vergrößert werden kann, ohne einen der in Gl. (1) vorkommenden Faktoren zu verändern, wenn der Verschleiß gleichmäßiger auf die Formwand verteilt sind. Das ist möglich, indem man mit verschieden dicken unteren Preßplatten preßt. Hierdurch wird die Kolkstelle jeweils um die Dickendifferenz der folgenden Preßplatte verlagert. Dabei ist nur zu beachten, daß die Kolksteile zuerst in die obere Partie und von da aus schrittweise nach unten in Richtung des sich verengenden Formringes verlegt wird (Abb. 3). Dann gefährden die zuerst entstandenen Kolkstellen den Preßling beim Ausheben nicht, weil er durch die kegelige Ausweitung des Formringes mit diesem nicht in Berührung kommt. Beim »Pressen auf Volumen« ist diese Maßnahme besonders zu empfehlen, weil dabei die obere Preßplatte bei Preßende immer in ein und dieselbe Stellung zum Formring kommt, so daß sich der Kolk enger und dafür tiefer ausbildet als beim »Pressen auf Kraft«. Dient die Stirnseite des Formringes als Anschlag, so muß die obere Preßplatte jeweils entsprechend dünner sein als die untere Preßplatte, damit das Volumen konstant bleibt.

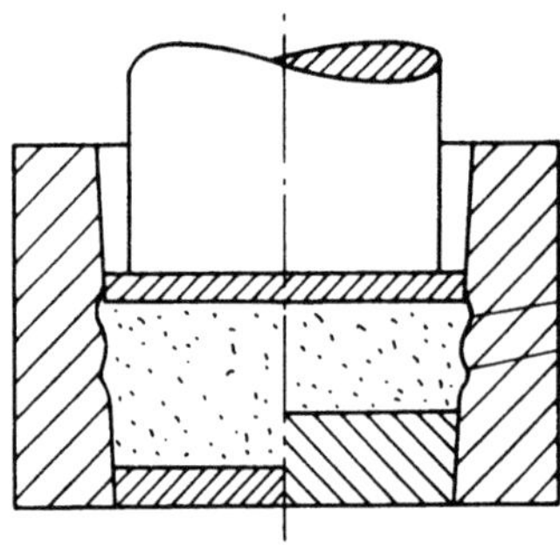

Abb. 3 Verteilung des Verschleißes längs der Formenwand

Formringe, die aus einem Stück geschmiedet (Einstoff-Formen) und durchgehärtet bzw. oberflächengehärtet werden, können nicht nachgearbeitet werden – sieht man vom Aufschleifen der verschlissenen Form mit metrischem Maß auf Zollmaß ab. Bei ihnen wird nach Gl. (1) eine echte Kostensenkung nur erzielt, wenn das Verhältnis $\frac{K_F}{n}$ verringert wird. Nun läßt sich für die gebräuchlichen Preßformwerkstoffe aus ihrer Werkstoffzusammensetzung und Wärmebehandlung der Verschleißwiderstand abschätzen und eine Reihenfolge hinsichtlich ihrer Verschleißfestigkeit aufstellen, jedoch sind die Standmengen, die mit den Werkstoffen erzielt werden, weitgehend unbekannt. Deshalb wurden von vier hinsichtlich ihrer Wirtschaftlichkeit den meisten Erfolg versprechenden Werkstoffen die Kennzahl K_F/n aufgenommen. Über die Versuche und Ergebnisse wird im Abschnitt 5 berichtet.

Der dritte Weg, um zu wirtschaftlicheren Preßformen zu kommen, nämlich diese mit verschleißfesten Schichten zu schützen – Mehrstoff-Form – ist doppelt vorteilhaft. Die geringe Werkstoffmenge, die zur dünnwandigen Auskleidung benötigt wird, erlaubt, teuere Werkstoffe mit wirtschaftlichem Erfolg anzuwenden. Durch beliebig häufiges Auswechseln der Schicht ist es überdies möglich, die Anzahl der Nacharbeiten beliebig zu erhöhen. Folgende Arten von Auskleidungen sind denkbar:

a) Panzerung durch
   - aa) Aufschweißen von Stelliten,
   - ab) Hartverchromen,
   - ac) Aufspritzen verschleißfester Stoffe;

b) Auskleiden mit Blechen, die befestigt werden durch
   - ba) Einkleben,
   - bb) Preßpassung oder die
   - bc) lose eingelegt werden.

Zum Aufschweißen von Stelliten oder Aufspritzen verschleißfester Nichteisenmetallegierungen wie sie in Amerika vor wenigen Jahren entwickelt wurden, muß der Formring auf hohe Temperaturen vorgewärmt werden, bei denen er sich leicht verzieht. Es ist ferner nicht leicht, porenfreie Überzüge aufzubringen. Schließlich sind die in Frage kommenden Metallegierungen sehr teuer und eine kostspielige Nachbearbeitung der Form erforderlich, so daß beim derzeitigen Stand der Verfahren eine Ersparnis an Formkosten kaum zu erwarten ist.

Mehr Erfolg verspricht auf Grund von eigenen Erfahrungen beim Einsatz hartverchromter Gesenkschmiedewerkzeuge das Hartverchromen von Formringen. Doch hängt das Ergebnis in hohem Maße von der Güte der Chromschicht ab, so daß es nur erfahrenen Hartverchromungsanstalten gelingt, befriedigende Überzüge herzustellen.

Gegenüber der Panzerung von Preßformen schien uns das Auskleiden von Formen mit Blechen wirtschaftlicher. Vorversuche zeigten, daß lose in die Preßform eingelegte Bleche unter den durch Reibung übertragenen tangential am Blech angreifenden Kräften zusammengefaltet werden. Daraus ergab sich die Notwendigkeit, sie zu befestigen, und zwar entweder durch Preßpassung oder durch Einkleben. Wir zogen letztere Befestigungsart vor, weil die Befestigung durch Preßpassung eine kostspielige Nachbearbeitung der Ringe am äußeren Umfang voraussetzt. Über die Auskleidung von Preßformen durch Einkleben von Blechringen wird im folgenden berichtet.

4. Auskleidung von Preßformen mit Blech

Die Entwicklung eines Verfahrens zum Auskleiden von Formringen mit Blech wurde darauf abgestellt, daß der Schleifmittelhersteller die Auskleidungsringe auf einfachen Rundbiegemaschinen selbst herstellen und die Formen im eigenen Hause auskleiden kann. Er soll dadurch von der Lieferfrist anderer Firmen unabhängig werden, mit einem kleinen Formenlager auskommen und sich auf besondere Schleifscheibengrößen rasch umstellen können. Ferner wurde angestrebt, die zur Zeit in Betrieb befindlichen oder bereits verschlissenen Formringe als Stützringe weiter zu verwenden.

4.1 Werkstoff für Auskleidungsringe

Von den in Deutschland zur Zeit kurzfristig lieferbaren Blechen weisen solche aus Schnellstahl den höchsten Verschleißwiderstand auf. Schnellstahl wird auf Grund seiner guten Abriebfestigkeit seit langem für Schneidplatten auf Drehmeißeln u. a. Zerspanungswerkzeugen benutzt. In Blechform wird er u. a. für Stahlsägen eingesetzt. Seinen hohen Verschleißwiderstand erhält er durch den hohen Gehalt an Wolfram, welches beim Härten Karbide bildet, die härter sind als Chromkarbide. Er ist deshalb verschleißfester als die bekannten hochlegierten Chromstähle (15% Cr-Gehalt), wie sie auch für geschmiedete Preßformringe eingesetzt werden. Von den verschiedenen Schnellstahlsorten wurde der Werkstoff Nr. 3355 (Sel.-Bez.) gewählt, mit der Richtanalyse:

0,75 C 0,3 Si 0,3 Mn 4,0 Cr 1,0 V 18 W

Diese Stahlsorte ist unempfindlich bei der Härtung, besitzt einen guten Verschleißwiderstand und wird u. a. von den Firmen Robert Zapp, Düsseldorf, unter der Firmenbezeichnung SSW 180 und den Deutschen Edelstahlwerken unter der Firmenbezeichnung »Rapid Spezial« auf Lager gehalten. Der Stahl ist im Salzbad bei 1270° C zu härten und danach 0,5 h bei 250° C anzulassen. Er besitzt dann eine Härte von rd. 64 Rc.

Sind Härteöfen für die erforderliche Härtetemperatur von Schnellstahl nicht vorhanden, wird für die Auskleidung das Mangan-Hartstahl-Blech 90 Mn V 8, Werkstoffnummer 2842, empfohlen, mit der Richtanalyse:

0,9 C 0,3 Si 0,2 V 2 Mn

Der Stahl ist wegen seiner hohen martensitischen Härte von etwa 64 Rc verschleißfest, erreicht aber wegen der fehlenden Wolfram- und Chromkarbide die

Verschleißwiderstandsfähigkeit von Schnellstahl nicht. Vorteilhaft ist seine niedrige Härtetemperatur von 760 bis 780° C und Anlaßtemperatur von 100° C. In den gebräuchlichen Härteöfen sind nur Ringe bis zu 300 mm, selten bis zu 500 mm Durchmesser zu härten. Sollen größere Formen ausgekleidet werden, werden naturharte Stähle, wie man sie u. a. für Holzsägen verwendet, empfohlen. Von ihnen haben sich für die Ringherstellung als genügend gut verformbar erwiesen die Werkstoffe

58 Cr V4 mit der Werkstoffnummer 8161 (Sel-Bez.) und der Richtanalyse:

0,58 C 0,25 Si 1,0 Mn 0,8 Cr 0,1 V,

der von der Firma Zapp unter der Bezeichnung SSW 180 lagermäßig geführt wird, und der Stahl mit der Werkstoffnummer 8159 (Sel-Bez.) und der Richtanalyse:

0,78 C 0,3 Si 0,4 Mn 0,8 Cr 0,25 V,

der von der Deutsche Edelstahlwerke AG unter der Bezeichnung BKS-Extra auf Lager gehalten wird. Ihr Verschleißwiderstand ist geringer als der der gehärtet zum Einsatz kommenden Stähle, doch dürften mit ihnen große Formringe mit noch guter Wirtschaftlichkeit ausgekleidet werden, da bei großem Durchmesser der Verschleißangriff gemäß Abschnitt 2 ohnehin geringer ist als bei kleinem und große Einstoff-Formringe besonders teuer sind.
Bei der Wahl der geeigneten Blechdicke waren die Überlegungen der erforderlichen Steifigkeit, der Toleranz und des zulässigen Kolkverschleißes maßgebend. Geht man (aus Festigkeitsgründen) von einer Blechdicke von 0,5 mm aus und addiert dazu die Kolktiefe von etwa 0,5 mm, so erhält man eine Gesamtdicke von 1 mm. Berücksichtigt man weiterhin die mögliche Durchmessertoleranz, die u. U. nachgearbeitet werden muß, so kommt man auf eine Mindestblechdicke von 1,25 mm; nach oben hin ist die Blechdicke fertigungstechnisch nicht beschränkt. Bei den Versuchen haben sich 1,25 mm und 1,6 mm dicke Bleche gleich gut bewährt.

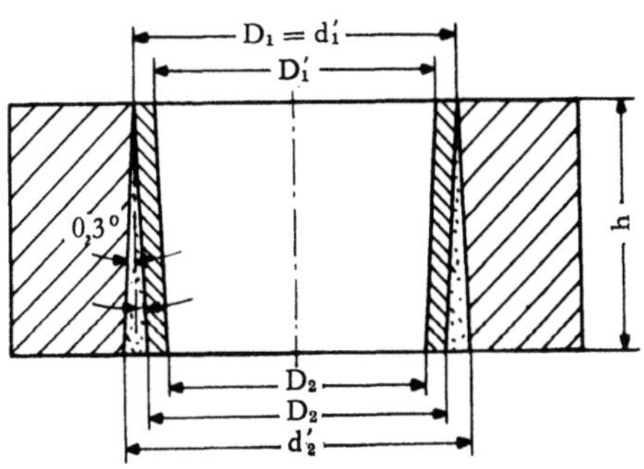

Abb. 4 Ausgekleidete Preßform

4.2 Herstellung der Auskleidungsringe

Die Blechringe wurden in der Versuchswerkstatt mit einer Toleranz im Durchmesser von ± 0,3 mm und im Kegel von ± 0,06° (Abb. 4) nach den im folgenden erläuterten Verfahren hergestellt.

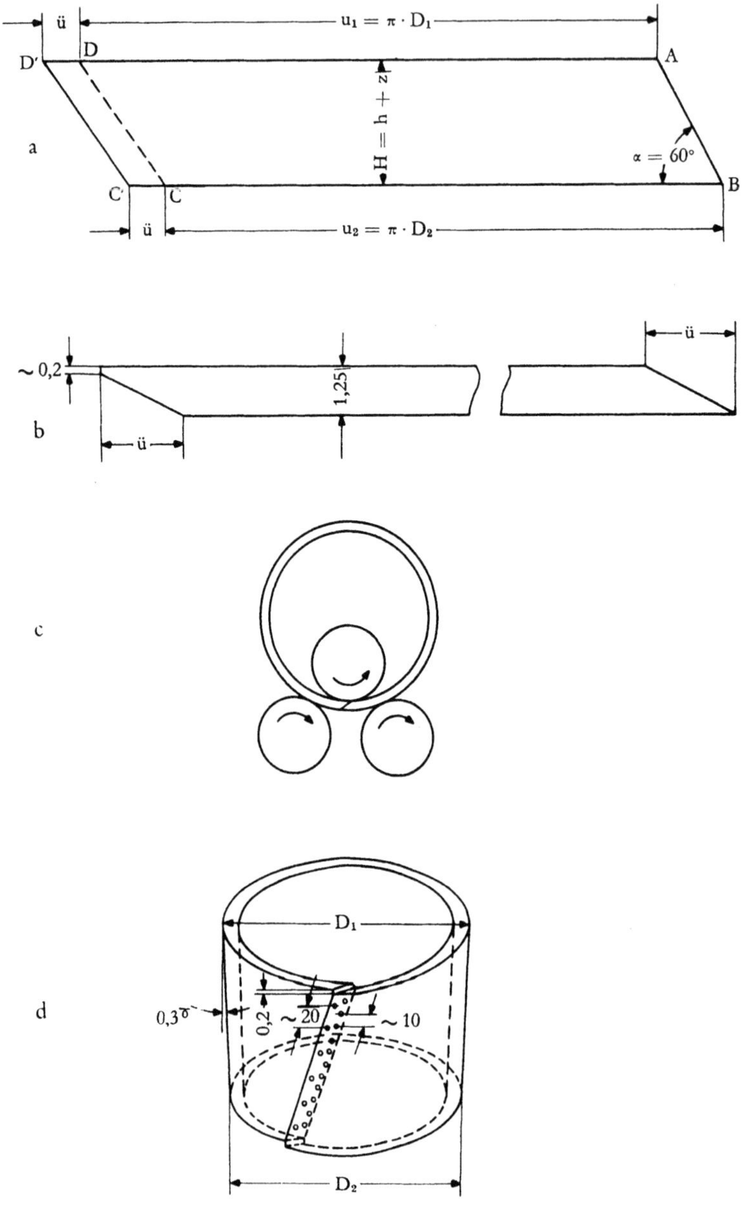

Abb. 5 Herstellung von Auskleidungsringen in kleiner Stückzahl

Der Ring wird aus einem aus der Blechtafel geschnittenen Streifen gefertigt, mit dem Zuschnitt gemäß Abb. 5a. Da in Hinblick auf den späteren Brennprozeß des Preßlings die Fuge schräg zur Formringachse liegen soll, hat der Zuschnitt die Form eines Parallelogramms. Um die langen Seiten nicht dem Kegelwinkel von 0,3° entsprechend rund ausschneiden zu müssen, wird der Streifen um die Zugabe $z = 20$ mm, in der die Fertigungstoleranz zugleich enthalten ist, breiter ausgeschnitten und später versetzt zum Kegel zusammengefügt. Der Rand des Ringes kann mit einer Handschleifmaschine leicht nachgearbeitet werden.
Der Zuschnitt wird zweckmäßig wie folgt aufgerissen: Entsprechend den durch die Kegeligkeit bedingten Durchmessern D_1 und D_2 (Abb. 4) wird (Abb. 5a) vom zu $\alpha = 60°$ gewählten Anschnitt $\overline{AB}$ aus der Umfang $\overline{AD} = u_1 = \pi \cdot D_1$ und $\overline{BC} = u_2 = \pi \cdot D_2$ im Abstand $H = h + z$ abgetragen und die gefundenen Punkte D, C verbunden. Für die zum Fügen erforderliche Überlappung ü wird verschoben um ü parallel zu DC die Begrenzungslinie D'C' gezogen.
Nachdem das Blech ausgeschnitten ist, wird es zur Herstellung der Überlappungsfuge auf jeweils der Breite ü gemäß Abb. 5b schräggeschliffen. Dabei schleift man das Blech auf der einen Seite scharf an, um dem Auskleidungsring an seiner Außenseite eine gute Anlage an dem Rand des Stützringes mit dem kleineren Durchmesser zu geben (vgl. Abb. 4). Auf der gegenüberliegenden Seite des Zuschnittes empfiehlt es sich aus schweißtechnischen Gründen, noch 0,2 mm der ursprünglichen Blechdicke stehenzulassen (Abb. 5b), die nach dem Einkleben des Ringes abgearbeitet wird.
Der so vorbereitete Blechstreifen wird auf einer Walzenbiegemaschine in mehreren Durchgängen zum Ring gebogen. Im Hinblick auf die Rundheit der Schüsse – das sind die Enden, an denen der Ring danach gefügt wird – ist eine Vier-Walzenbiegemaschine zum Biegen besser geeignet als eine Drei-Walzenbiegemaschine. Doch lassen sich auch mit letzterer einwandfrei runde Schüsse biegen, wenn man beim letzten Durchlauf den Ring überlappt durchlaufen läßt (Abb. 5c); in dieser Weise wurden alle Ringe in der Institutswerkstatt gebogen.
Der gebogene Ring wird nun überlappt so zusammengehalten, daß die Ringkante $\overline{AB}$ sich mit dem Anriß $\overline{DC}$ (vgl. Abb. 5a) deckt, und auf einer Punktschweißmaschine zusammengeheftet. Zweckmäßig ordnet man zwei Punktreihen an, von denen die von der Innenkante der Überlappungsfuge entferntere Reihe mit einem Punktabstand von etwa 10 mm und die näher der Kante liegende mit einem Punktabstand von 20 mm hergestellt wird (Abb. 5d).
Diese mit einfachen Mitteln durchführbare Herstellung der Ringe bewährte sich gut. Durch die Überlappungsfuge hat man es in der Hand, eine Durchmessertoleranz im gebogenen Ring durch eine entsprechende Überlappungslänge auszugleichen. Auch hatte die später nachgearbeitete Überlappungsfuge auf die Güte des Preßlings *keinen* nachteiligen Einfluß. Bei den in ausgekleideten Formringen bisher hergestellten über 20000 Preßlingen ist kein einziger Fall bekannt geworden, in dem ein Preßling nach dem Brennen Risse zeigte, die von dem schwachen Abdruck der Blechringfuge ausgegangen wären.
Für das Pressen feinkörniger Scheiben (z. B. Korn 200), die bei den Untersuchungen nicht in Betracht gezogen wurden, mag es notwendig sein, fugenlose

Auskleidungen vorzusehen. In diesem Falle muß man von einer Stoßfuge ausgehen, die durch Abbrennschweißung verbunden wird. Der Ring wird nun zweckmäßig aus einem Streifen mit dem Winkel $\alpha = 90°$ hergestellt, der, ebenso wie oben beschrieben, angerissen wird. An Stelle des Überlappungsmaßes tritt hier die für die Abbrennschweißung erforderliche Zugabe, die sich nach der jeweiligen Abbrennschweißmaschine richtet.
Werden die Auskleidungen aus Schnellstahl hergestellt, so muß nach Angabe des Stahlherstellers bei der Abbrennschweißung vorsichtig vorgegangen werden, da der Stahl bereits an der Luft härtet, so daß er in der beim Schweißen erwärmten Zone spröde wird und reißt. Es ist deshalb erforderlich, die aus Schnellstahl gefertigten Ringe nach dem Schweißen sofort in einem neben der Schweißmaschine stehenden Ofen auf 850° zu erwärmen und im Ofen abkühlen zu lassen. Bei Ringen aus Hartmangan-Stahl 90 Mn V8 tritt diese Schwierigkeit nicht auf, da sie keine lufthärtenden Eigenschaften haben. Ihr Einsatz dürfte sich deshalb bei Formen, in denen sehr feinkörnige Scheiben gepreßt werden, lohnen, zumal der Verschleißangriff durch feinkörnige Preßmassen gemäß Abschnitt 2 nicht so hoch ist wie der grobkörniger Massen.
Schließlich sei noch auf ein Verfahren hingewiesen, das für die Herstellung von Ringen in großer Stückzahl wirtschaftlich ist. Es kommt vornehmlich für die Fertigung in eigens für die Blechfertigung eingerichteten Betrieben in Frage, was

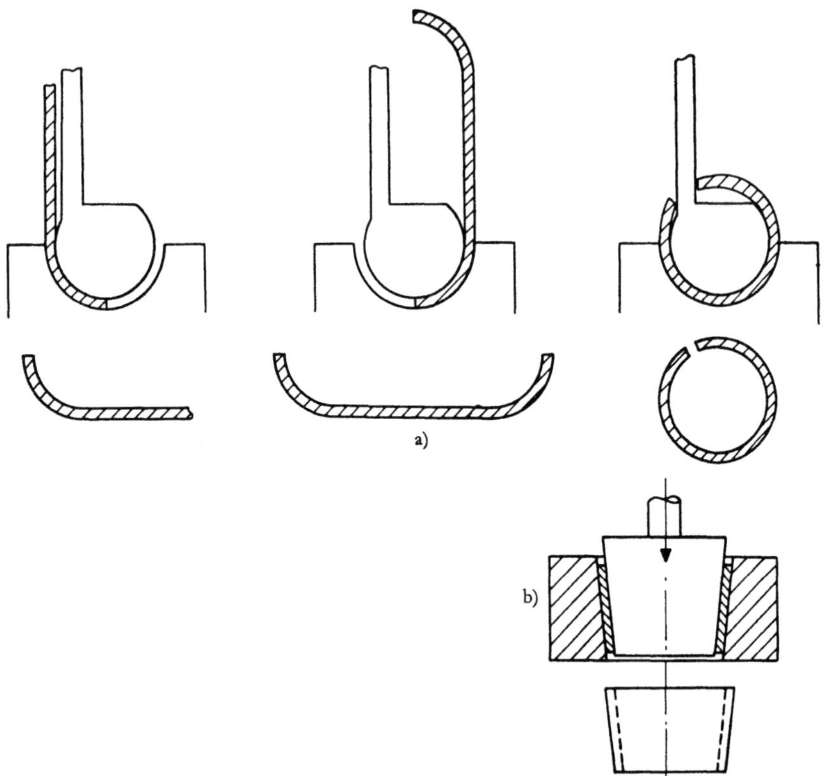

Abb. 6 Herstellung von Ringen im Gesenk

dann der Fall ist, wenn sich verschiedene Schleifmittelhersteller entschließen, die Auskleidungsringe bei einem blechbearbeitenden Betrieb in Auftrag zu geben. Der Ring wird in drei Arbeitsgängen im Gesenk gebogen (Abb. 6a), anschließend geschweißt und erhält durch Pressen in einem kegeligen Gesenk die geforderte Kegeligkeit und sein genaues Maß (Abb. 6b).

4.3 Klebung

4.31 Klebstoff

Die Klebfuge wird bei jedem Preßvorgang von dem radial auf die Auskleidung wirkenden Preßdruck zusammengedrückt und dabei von den durch Reibung tangential am Auskleidungsblech angreifenden Kräften auf Scherung beansprucht. Sie hat die Aufgabe, einerseits die Auskleidung sicher im Stützring zu halten und andererseits die radial auf die Auskleidung wirkenden Kräfte auf den Stützring zu übertragen, ohne daß der spröde Auskleidungsring dabei überbeansprucht wird und reißt. Aus dieser Aufgabenstellung ergeben sich folgende Forderungen an den Klebstoff:

a) Er muß auch nach mehreren tausend Druckwechseln noch eine genügend große Zugscherfestigkeit besitzen, die den Auskleidungsring sicher im Stützring heilt.
b) Sein Elastizitätsmodul muß nach dem Aushärten genügend groß sein, damit sich die Klebfuge unter dem Radialdruck beim Pressen nicht so stark zusammendrückt, daß der Auskleidungsring überbeansprucht wird und reißt.
c) Der Klebstoff muß während der Verarbeitung dünnflüssig sein, so daß mit ihm enge (etwa 1 mm breite) Fugen ausgegossen werden können.

Die letzte Forderung erwies sich als notwendig, nachdem Auskleidungsringe, die mit Klebstoff bestrichen in den Stützring eingeschoben worden waren, rissen, weil während des Einschiebens der Klebstoff teilweise aus der Fuge ausgeschoben wurde, so daß Hohlräume in der Fuge entstanden, an denen der Auskleidungsring ungenügend gestützt wurde.

Einen diesen Forderungen genügenden Klebstoff gab es handelsüblich nicht. Es mußte deshalb in Zusammenarbeit mit Klebstoffherstellern ein neuer Klebstoff entwickelt werden. Wieweit die Forderung a vom Klebstoff erfüllt wurde, konnte nur durch Erprobung geeignet erscheinender Klebstoffe geprüft werden. Hierzu wurden Zugstäbe gemäß Abb. 7 aus Blech angefertigt, die zunächst 5000 Drucklastwechseln – die voraussichtliche Standmenge des Auskleidungsringes – von 0 bis 15 kg/mm² Pressung ausgesetzt und danach zerrissen wurden.

Der erforderliche Elastizitätsmodul – Forderung b – konnte wie folgt berechnet werden:

Der Auskleidungsring steht beim Pressen unter einer Tangentialspannung von

(2) $$\sigma_t = (p_{ri} - p_{ra}) \frac{r}{s}$$ (Bezeichnungen vgl. Abb. 8)

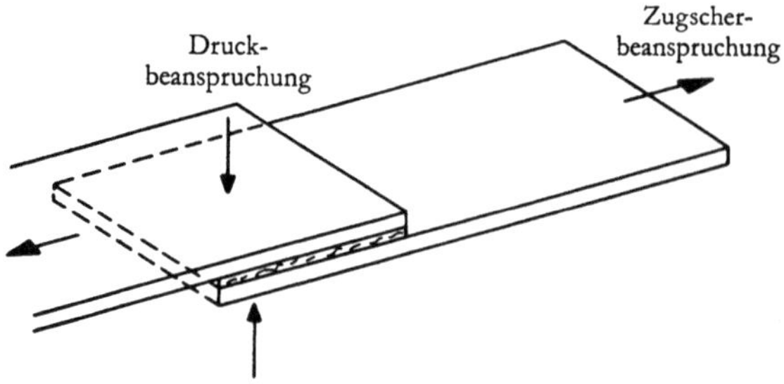

Abb. 7 Prüfstab zur Ermittlung der Zugscherfestigkeit von Klebstoffen

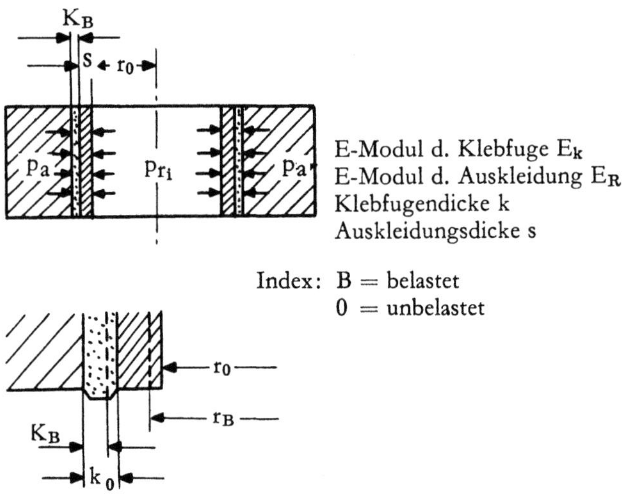

Abb. 8 Beanspruchungszustand der Klebfuge

und weitet sich um

(3) $$\varepsilon_r = \frac{r_B - r_o}{r_o} = \frac{p_a}{E_R}$$

auf.

Die Klebfuge wird um

(4) $$\varepsilon_k = \frac{k_B - k_o}{k_o} = \frac{\sigma_t}{E_K}$$

zusammengedrückt. Unter Vernachlässigung der Aufweitung des steifen Stützringes ist $\varepsilon_r = \varepsilon_K$. Da die Tangentialspannung im Auskleidungsring durch die Fließgrenze σ_F des Werkstoffes begrenzt ist, erhalten wir aus Gl. (2) und (4) die Beziehung

(5) $$\sigma_F \leqq \sigma_t = p_{ri} \frac{r_o}{s\left(1 + \frac{r_o}{k_o}\frac{E_K}{E_R}\right)}$$

aus der der Elastizitätsmodul E_K des Klebstoffes errechnet werden kann, wenn man aus Sicherheitsgründen für p_{ri} den vom Stempel axial eingeleiteten Preßdruck p einsetzt, d. h. hydromechanische Druckverhältnisse voraussetzt:

$$E_K = E_R \frac{k_0}{s_0} \left(\frac{p}{\sigma_F} - \frac{s_0}{r_0} \right) \tag{6}$$

r_0 = Radius der Auskleidung
k_0 = Fugendicke
s_0 = Blechringdicke
p = Preßdruck
σ_F = Fließgrenze des Ringwerkstoffes
E_R = E-Modul des Ringwerkstoffes

Unter ungünstigsten Bedingungen ergibt sich aus Gl. (6) für den Klebstoff ein Elastizitätsmodul von mindestens 5000 $\frac{kp}{mm^2}$.

Nach diesen Unterlagen wurden eine Reihe dünnflüssiger Gießharze der Firma Henkel Cie., Düsseldorf, geprüft und schließlich aus den warm aushärtenden Epoxydpolyestern Mahroplast G und E 3067 ein neuer Klebstoff gemischt, der bei einem Elastizitätsmodul von etwa 5000 kp/mm² nach der Druckwechselprüfung eine Zugscherfestigkeit[1] von 2,1 kp/mm² gegenüber 2,3 kp/mm² vor der Druckwechselbeanspruchung besaß. Er wurde bei der Herstellung zweier Versuchsformen benutzt und hat bis zum Verschleiß die Auskleidungen sicher gehalten. Nachteilig war jedoch, daß die Form zur Aushärtung des Klebstoffes zwei Stunden lang auf 160–180° C erwärmt werden mußte.
Nach Rücksprache mit der auf kalt aushärtende Klebstoffe spezialisierten Firma Atlas-Ago in Wolfgang bei Hanau entwickelte diese Firma nach unseren Angaben zwei vergießbare kalt härtende Klebstoffe, die festigkeitsmäßig allen Ansprüchen genügen:

Agomet V 1
VP 290

Da Agomet V 1 etwas dünnflüssiger ist als VP 290, wurde er bei der Auskleidung der Versuchspreßformen benutzt. Auf Grund seiner guten Zugscherfestigkeit von 2,1 kp/mm² nach 5000 Druckwechseln fiel er nur um 10% ab und hat bei allen Versuchspreßformen die Auskleidungsringe sicher gehalten.

4.32 Abmessung des Stützringes und Einkleben der Auskleidung

Der Stützring kann aus einem geschmiedeten Ring aus unlegiertem Kohlenstoffstahl C 75 W 3 (Sel-Bez. 1750), der bei der Firma Robert Zapp unter der Bezeichnung K 60 am Lager ist, oder aus einem vorhandenen verschlissenen Preßformring gefertigt werden. Um eine genügend breite Fuge zu erhalten, wird er

[1] Zugscherfestigkeit ist als Zugkraft [kp], dividiert durch die Klebfläche [mm²] definiert.

innen kegelig gedreht, wobei der kleinere Durchmesser d_s gleich dem größeren Außendurchmesser des Auskleidungsringes D_1 gefertigt wird und der größere Durchmesser D_2 entsprechend dem Kegelwinkel von etwa 0,3° berechnet wird (Abb. 4). Geht man von dem größeren Nenndurchmesser D_1 der Preßform aus, so berechnen sich die Innendurchmesser des Stützringes zu:

$$d_1 = D'_1 + 2\,s$$
$$d_2 = D'_1 + 2(s + H \cdot \mathrm{tg}\; 0{,}3^\circ)$$

Seine Ringwandung soll eine Oberflächenrauhtiefe von etwa 15 µm besitzen, damit der Klebstoff gut haftet.
Der Auskleidungsring ist nach dem Härten durch Grobschleifen vom Zunder zu befreien. Er wird dadurch gleichzeitig aufgerauht, so daß der Klebstoff später besser haftet. Nachdem beide Klebflächen sorgfältig mit Metanol gereinigt worden sind, wird der Auskleidungsring so eingesetzt, daß er auf der Seite seines größeren Durchmessers fest auf der Seite des kleineren Durchmessers des Stützringes zur Anlage kommt (Abb. 9). Damit ist er zentriert und seine Rundheit auf der einen Ringseite gewährleistet. Die Rundheit auf der anderen Seite wird durch Stifte erzielt, die jeweils über Kreuz in die Klebfuge eingetrieben werden (Abb. 9). Schließlich ist die engere Fuge noch mit Plastilin oder Krepp-Papierstreifen abzudichten.

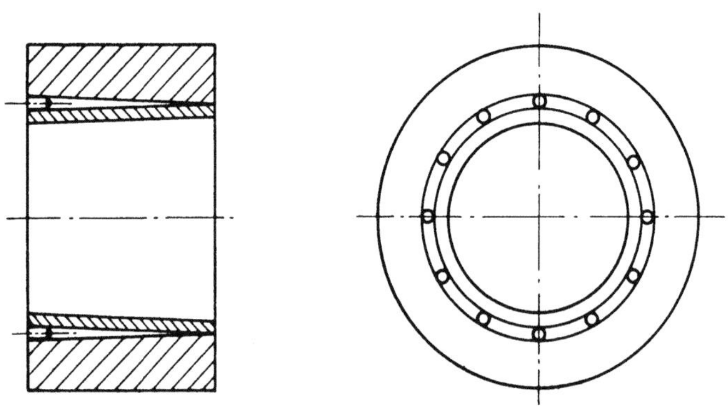

Abb. 9 Einsetzen des Auskleidungsringes in den Stützring

Nach diesen Vorbereitungen ist der Klebmasse nach Vorschrift des Herstellers 5% Härter beizumengen, und sie ist innerhalb von 10 Minuten in die Fuge zu gießen. Man füllt dabei den Klebstoff zweckmäßig nur auf der einen Seite ein, und zwar so lange, bis er an der anderen Seite aufsteigt. Dadurch geht man sicher, daß die Klebfuge auch vollständig mit Klebstoff ausgefüllt wird. Während der nächsten halben Stunde schwindet der Klebstoff ein wenig. Der dadurch am oberen Rand fehlende Klebstoff sollte nachgefüllt werden. Nach etwa 3 h ist der Klebstoff so hart, daß die erforderlichen Nacharbeiten am Formring vorgenommen werden können.

4.4 Nacharbeit der ausgekleideten Form

Zunächst werden die über den Stützring stehenden Ränder mit einer Schleifhexe abgeschliffen und die Schweißfuge nachgearbeitet. Dabei ist darauf zu achten, daß der spröde Auskleidungsring nicht am Rand ausbricht. Hernach sind die obere und untere Kante noch innenkegelig auszuschleifen (Abb. 10). Das ist notwendig, weil beim Pressen nicht genau zentrisch eingelegte Preßplatten sonst auf den spröden Ring drücken, wodurch dieser ausbräche.

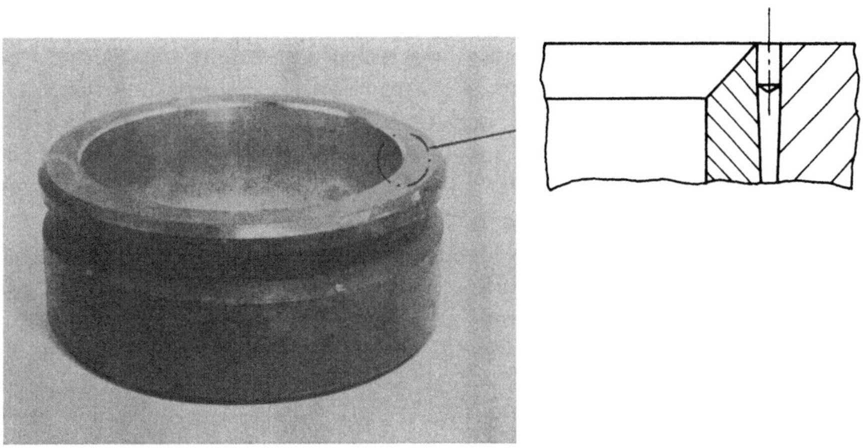

Abb. 10 Brechung der oberen Kante des Innenringes

Wieweit der fertige Außenring noch innen auf genaues Maß nachgeschliffen wird, hängt vom zulässigen Spiel zwischen Preßplatte und Formring ab, welches von den Schleifmittelherstellern unterschiedlich groß vorgeschrieben wird. Bei Spielen von 0,2 mm kommt man im allgemeinen ohne Ausschleifen der Preßform aus. Bei kleineren Spielen sollte man hingegen von vornherein einen Nachschliff ins Auge fassen und eine Bearbeitungszugabe im Innendurchmesser von 0,4 bis 0,5 mm vorsehen.
Sechs Stunden nach dem Kleben hat der Klebstoff seine Endfestigkeit erreicht, und der ausgekleidete Formring kann in Einsatz kommen.

4.5 Lösen abgenutzter Auskleidungen

Zum Lösen einer abgenutzten Auskleidung wird der verschlissene Innenring mit einem Schweißbrenner auf dunkelrote Glut erhitzt. Dabei verkohlt der Klebstoff, so daß sich der Ring mit einem Hammer leicht herausschlagen läßt. Die auf dem Stützring befindlichen Klebstoffreste können in kurzer Zeit ausgekratzt und mit Methanol gelöst werden. Der Stützring ist damit zum erneuten Auskleiden hergerichtet.

4.6 Erprobung ausgekleideter Preßformen

Um zu prüfen, wieweit die Auskleidungsringe dem Preßdruck standhalten, wurden mehrere mit 1,25 mm dickem Schnellstahlblech ausgekleidete Preßformen im Institut mit ölgetränktem Sand gefüllt, der mit 1000 atü belastet wurde. Die spröden Auskleidungsringe hielten dem Druck stand, ohne zu reißen. Die Festigkeit der Klebung wurde in der Praxis überprüft, durch Pressen von fünf Scheiben mit einem Preßdruck von 700 atü. Es zeigten sich weder Risse in der Klebfuge, noch löste sich der Auskleidungsring aus dem Stützring.
Um das Verhalten der Auskleidungsringe und ihre Klebung auch nach einer größeren Preßanzahl zu beobachten, kleideten wir insgesamt 14 Formen aus, von denen drei inzwischen verschlissen, vier wegen Unachtsamkeit beim Pressen zerstört wurden und sieben zur Zeit noch im Einsatz sind. In keinem Fall löste sich der Auskleidungsring, noch wurden Risse, die nachträglich in der Klebfuge entstanden, beobachtet. Auch hielten die Auskleidungsringe dem Preßdruck ausnahmslos stand. Die Ursachen für die Zerstörung der vier Formen waren in allen Fällen nicht zentrisch eingelegte Preßplatten, die mit ihrem überstehenden Rand auf den Auskleidungsring drückten, so daß der spröde Ring an dieser Stelle ausbrach. Auf Grund dieser Erfahrung schliffen wir bei den später ausgekleideten Formen, wie oben erwähnt, den Rand des Auskleidungsringes nach innen kegelig (vgl. Abb. 10), um einer nicht zentrisch eingelegten Preßplatte die Chance zu geben, noch in den Formring hineinzurutschen. Seitdem wurde kein Auskleidungsring mehr zerstört.
Um einen ungefähren Überblick über die Standmenge zu erhalten, die mit Schnellstahl ausgekleideten Preßformen erzielt wird, baten wir die Firmen, die die Versuchspressungen ausführten, über die ausgeführten Pressungen Tagebuch zu führen. Von Zeit zu Zeit fertigten wir von der Formwand der im Einsatz befindlichen Preßformen Abdrücke an, aus denen wir mit Hilfe des Oberflächenmeßgerätes von Leitz-Forster die Tiefe des Kolkes – das Verschleißkriterium – bestimmten. Eine Reihe der bekanntgewordenen Ergebnisse ist in Tab. 1 zusammengestellt worden. Von den in Einsatz gekommenen Preßformen unterlag Form 1 (Tab. 1) den härtesten Bedingungen, da in ihr nur grobkörnige Scheiben (Korn 20/30) der Härte P bis W mit Kunststoffbindung auf Volumen gepreßt wurden. Trotz der hohen Verschleißbeanspruchung hielt sie 4520 Pressungen stand; sie wurde überdies schon bei einer Kolktiefe von 0,36 mm – d. i. die untere Grenze für die als zulässig erachtete Kolktiefe – aus dem Einsatz gezogen. Demgegenüber steht die Form 4 (Tab. 1), in der ebenfalls Scheiben einer Höhe gepreßt wurden, die aber keramisch gebunden und feinkörniger waren sowie auf eine kleinere Härte gepreßt worden sind. Sie zeigte nach 5087 Pressungen erst eine Kolktiefe von 0,28 mm, so daß in ihr noch wenigstens 1500–2000 Preßlinge hätten gefertigt werden können, wenn sie nicht durch eine Unachtsamkeit beim Pressen gewaltsam zerstört worden wäre. Interessant ist ferner das an der Form 3 (Tab. 1) festgestellte Zwischenergebnis. Diese Form zeigt bereits nach 2354 Pressungen die gleiche Kolktiefe wie die vorher besprochene Form 2 nach 5087 Pressungen. In dieser Abweichung kommt der Einfluß des Durchmessers, der hier nur 150

Tab. 1 Übersicht über Werkstoffe für Formen zum Pressen von Schleifkörpern

1	2		3		4					5		6	
Lfd. Nr.	Werkstoffe: Art		Werkstoffe: Bezeichnung		Werkstoffe: Legierung (wicht. Bestandteile)					Verschleißwiderstand		Anwendung	
			Sel-Bez.	Wkst.-Nr.	C	Si	Mn	Cr	Sonst.	Härte[1] [Rc]	Bemerkungen	Bereich D [mm]	Häufigkeit der Verwendung
1	Unlegierte bzw. wenig legierte Stähle	Kohlenstoffstahl	C 110 W 1 C 100 W 1 C 45 W 3	1550 1540 1730	1,1 1,0 0,45	0,2 0,2 0,35	0,2 0,2 0,7	– – –	– – –	64 W 64 W 55 W	Hart, mit wenig Karbiden	unter 200	selten
2		Mangan- und Siliziumstahl	90 Cr Si 5 105 Mn Cr 4 90 Mn V 8 53 Mn Si 4	2108 2127 2842 2825	0,9 1,05 0,9 0,53	1,2 0,2 0,2 1,0	0,7 1,0 2,0 1,0	1,2 0,6 – –	– – 1,0 V –	} 63 Ö 57 Ö	Hart, mit wenig Karbiden (verzugsarm)	über 500	oft
3		Chromstahl	145 Cr 6	2063	1,45	0,2	0,6	1,5	–		Hart, Chromkarbide	50–500	selten
4	Hochlegierte Stähle		210 Cr W 46 210 Cr 46 –	2436 2090 2884	2,1 2,1 2,1	0,3 0,3 0,25	0,3 0,3 0,3	12,0 12,0 13,0	0,7 W – 0,4 Mo 1,0 Co	} 64 Ö	Hart, zahlreiche Chromkarbide	bis 300	sehr oft
5	Oberflächengehärtete Stähle	Einsatzstahl	20 Mn Cr 5 16 Mn Cr 5	2162 –	0,2 0,16	0,25 0,25	1,3 1,3	1,2 0,9	– –	62 E	Zahlreiche Chromkarbide in der Randschicht	50–500	sehr oft
6		Nitrierstahl	33 Cr Al Ni 7 34 Cr Al 6 210 Cr W 46	8510 8504 2436	0,34 0,34 2,1	0,25 0,25 0,3	0,5 0,6 0,3	1,7 1,5 12,0	1,0 Al 1,5 Al 0,7 W	67÷70 N	Sehr hart, zahlreiche Nitride	50–500	bei wenigen Firmen überwiegend

[1] Ö = Ölhärtung W = Wasserhärtung N = Nitrierhärtung E = Einsatzhärtung

gegenüber 200 mm bei Form 4 betrug, zum Ausdruck, ferner die Korngröße, die im letzten Fall gröber war. In den Formen 4 und 5 wurden ähnlich zusammengesetzte, gleich große Scheiben gepreßt, und zwar in Form 4 auf Kraft und Form 5 auf Volumen. Die unterschiedliche Preßanzahl bei gleicher Kolktiefe zeigt, daß der Verschleiß beim Presssen auf Volumen größer ist als beim Pressen auf Kraft.

Wenn es auch auf Grund der – gemessen an der Vielfalt der Einflußgrößen – kleinen Anzahl Ergebnisse schwierig ist, genauere Voraussagen für die erzielbaren Standmengen zu machen, so darf doch festgestellt werden, daß in den mit Schnellstahl ausgekleideten Preßformen mindestens ebensoviel Pressungen ausgeführt werden können wie in den teueren durchgehärteten geschmiedeten Preßformen aus 15% chromhaltigen Stahl.

4.7 Anwendungsbereich ausgekleideter Preßformen

Der Anwendungsbereich von Preßformen geht aus der Abb. 11 hervor. Sowohl zylindrische als auch Segmentformen können mit Blechen ausgekleidet werden. Der Erprobungsbereich beschränkte sich gemäß der vereinbarten Aufgabenstellung auf zylindrische Preßformen, doch wurde auch eine Segmentform mit Erfolg ausgekleidet, um die Erweiterung auf diese Formenart zu überprüfen.

Ordnungs-gesichtspunkt	Preßform-∅ [mm] — 80	250	800
Bauform	Massiv oder Rohr	mit Blech ausgekleidet	
Werkstoff	—	Schnellstahl Manganhartstahl gehärtet	Legierter Werkzeugstahl ungehärtet
Erprobungs-bereich		//////////	

Abb. 11 Anwendungsbereich ausgekleideter Preßformen

Die in Abb. 11 angegebenen Preßbedingungen beschränken den Anwendungsbereich auf kalt zu pressende Scheiben, weil der Kunststoffklebstoff bei Erwärmung der Form über 80 bis 100°C seine Festigkeit einbüßt.

Bei zylindrischen Preßformen mit Durchmessern von weniger als 80 mm lohnt sich das Auskleiden von Preßformen mit Blechen nicht mehr, weil durch die hohe Umformung nur noch Bleche mit Ziehqualität benutzt werden könnten, die schon nach wenigen Pressungen verschleißen. Für diesen Durchmesserbereich dürften massive Preßformen, die aus Rohren gefertigt werden, wirtschaftlich sein. Geeignet wären z. B. Kugellagerstähle (z. B. die Stähle mit der Werkstoffnummer 3503 und 3505, die die Firma Robert Zapp unter den Bezeichnungen 100 Cr 4 und 100 Cr 6 als Rohr lagermäßig führt), die bis 100 mm in Rohrform preiswert zu beziehen sind. Preßformen über 80 mm können mit verschleißfesten Blechen ohne Schwierigkeit ausgekleidet werden. Dabei richtet es sich nach der Größe der zur Verfügung stehenden Härteöfen, bis zu welchen Durchmessern gehärtete Auskleidungsringe aus Schnellstahl oder Manganhartstahl noch anwendbar sind. Für größere Formen kommen ungehärtete Ringe aus sogenannten naturharten Stählen in Frage. Erprobt wurden gemäß der Aufgabenstellung Versuchsformen von 100 bis 250 mm Durchmesser. Das Auskleidungsverfahren kann ohne Schwierigkeit auch bei größeren Abmessungen angewandt werden.

4.8 Schlußbemerkung zu Abschnitt 4

Die neue Preßform ist eine echte Zweistoff-Form, deren Stützring dem Preßdruck standzuhalten hat und deren auswechselbarer Auskleidung die Aufgabe zufällt, den Verschleiß zu ertragen. Die Aufteilung erlaubt, den dünnwandigen Auskleidungsring aus hochwertigem verschleißwiderstandsfähigem Stahl herzustellen, ohne die Preßformkosten wesentlich zu erhöhen. Der kostspieligere Stützring darf hingegen aus weniger wertvollem Werkstoff gefertigt oder leicht – in Leichtbaukonstruktion – gebaut werden, wodurch das Arbeiten mit der Form weniger Anstrengung erfordert.
Die blechausgekleidete Preßform wird von den Schleifmittelfirmen, die Versuchspressungen ausführten, übereinstimmend günstig beurteilt. Durch die einfache Herstellung der Auskleidungen und Ausfütterung der Stützringe fertigten sich einige der Firmen bereits während der Erprobungszeit selbst ausgekleidete Preßformen an und brachten sie in Einsatz.

Auf Grund der vier Vorzüge

a) durch Auswechselbarkeit der Auskleidung wirtschaftlicher als die herkömmliche Preßform zu sein,
b) durch den hohen Verschleißwiderstand bei Benutzung von Schnellstahl als Auskleidungswerkstoff gute Standmengen zu erzielen,
c) wegen des geringen Kostenaufwandes für die Lagerhaltung von Auskleidungsblechen oder -ringen von den Lieferfristen der Stahlhersteller unabhängig zu werden,
d) die bisher gebrauchten Blechringe nach deren Verschleiß als Stützringe weiter verwenden zu können,

kann die Einführung der neuen Form empfohlen werden.

5. Untersuchung des Verschleißwiderstandes von Einstoff-Formen

An Formringen, die aus einem Stück geschmiedet (Einstoff-Formen) und durchgehärtet bzw. oberflächengehärtet werden, kann eine echte Kostensenkung nur erzielt werden, wenn das Verhältnis

$$\frac{\text{Kosten der neuen Form } K_F}{\text{Standmenge } n}$$

verringert wird. Die Anfertigungskosten für eine Einstoff-Form sind nahezu unabhängig vom Preßformenwerkstoff. Daher dürfen wir an Stelle der Gesamtkosten der Form den reinen Werkstoffpreis einschließlich seiner Wärmebehandlung (Härten, Anlassen) zum Vergleich heranziehen.

Die Standmenge n ist vom Verschleißwiderstand des Preßformenwerkstoffes abhängig. Für ihn wurde in Abschnitt 2 als Kriterium die Tiefe der Auskolkung – Kolktiefe – gewählt, weil sie in der Praxis begrenzt ist. Die Forderung, den Preßling unbeschädigt aus der Form ausstoßen zu können, bedingt die größtmögliche Kolktiefe. Setzt man zur Bewertung des Preßformwerkstoffes an Stelle der Standmenge das Verschleißkriterium, d. h. die Kolktiefe, so kann man den Verschleißwiderstand im Laufe der Pressungen verfolgen und ist nicht darauf angewiesen, die Form bis zu ihrem Erliegen zu benutzen.

Nun ist der Verschleiß außer vom Preßformenwerkstoff auch von den Preßbedingungen (Preßdruck, Schleifmittel, Preßart, Bindung usw.) in hohem Maße abhängig. Will man also einen echten Vergleich von Preßformwerkstoffen führen, dann müssen die Preßbedingungen bei Formen aus verschiedenen Werkstoffen gleich sein. Im praktischen Einsatz wechseln jedoch die Preßbedingungen der Formen ständig, da bekanntlich in ein und derselben Form verschieden hohe und verschieden zusammengesetzte Scheiben hergestellt werden. Um dennoch in der Praxis den Verschleißwiderstand verschiedener Preßformwerkstoffe ermitteln zu können, lag der Gedanke nahe, eine Form aus Segmenten zusammenzusetzen, die aus den zu vergleichenden Werkstoffen bestehen. Aus der Kolktiefe, die an den verschiedenen Segmenten gemessen wird, kann die Reihenfolge der Werkstoffe hinsichtlich ihres Verschleißwiderstandes angegeben werden. Da die Messungen gleichzeitig unter praxisnahen Bedingungen gefunden wurden, dürfte durch sie eine gute Vergleichsmöglichkeit gegeben sein.

Im folgenden wird über die Ergebnisse berichtet, die an Hand von Versuchsformen gefunden wurden, die in der Firma Guilleaume-Werk, W. und Dr.-Ing. A. Guilleaume, Beuel a. Rhein, und in der Firma Feldmühle, Papier- und Zellstoffwerke AG, Werk Koholyt, Wesseling Bez. Köln, für Versuchspressungen zum Einsatz kamen.

5.1 Preßformenwerkstoffe

Aus der Vielzahl der Werkstoffe, aus denen Einstoff-Formen angefertigt werden und die auf Grund einer Umfrage bei Schleifscheibenherstellern in Tab. 1 zusammengestellt wurden, wählten wir in Zusammenarbeit mit dem Technischen Forschungsausschuß der Forschungsgemeinschaft Schleifscheiben die folgenden vier Werkstoffe aus:

a) Nitrierstahl ANC 17 (Firmenbezeichnung Robert Zapp, Düsseldorf)
Dieser Stahl bewährte sich bei verschiedenen Firmen. Sein Verschleißwiderstand ist durch die harte Nitrierschicht bedingt; er läßt, gemessen an seinem niedrigen Werkstoffpreis, durchaus einen wirtschaftlichen Einsatz erwarten.

b) Niedrigchromhaltiger Stahl 2162 (Sel-Bez.) einsatzgehärtet
Der Chromanteil dieses Stahles setzt sich bei der Härtung in Chromcarbide um, die eine verschleißschützende Schicht bilden. Wenn auch sein Verschleißwiderstand unter dem des unter c) und d) genannten Stahles sein muß, so kann er durch seinen geringen Werkstoffpreis (etwa ein Drittel des Stahles 2436) durchaus wirtschaftlich sein. Daher erschien es ratsam, ihn in die Versuche einzubeziehen.

c) Hochchromlegierter Werkzeugstahl 2436 (Sel-Bez.) durchgehärtet
Weil dieser Stahl einer der am häufigsten verwendeten Stähle zur Herstellung von Preßformen ist, war seine Untersuchung geraten.

d) Hochchromlegierter Werkzeugstahl 2436 (Sel-Bez.) durchgehärtet und nitriert
Auf Grund von Versuchen an Hartstein-Preßformen empfahl die Firma Robert Zapp, Düsseldorf, den erhöhten Verschleißwiderstand durch nachträgliche Nitrierung des durchgehärteten Werkstoffes zu untersuchen.
Die Richtanalysen der untersuchten Werkstoffe sind in Tab. 2 angegeben.

Tab. 2 Richtanalysen der Segmentwerkstoffe

Werkstoffbezeichnung	Legierungsbestandteile in %						
	C	Si	Mn	Cr	V	Ni	Al
a ANC 17	0,35	0,25	0,5	1,7		1,0	1,1
b MC 13 E 2162	0,2	0,25	1,3	1,2			
c WC 120 2436.........	2,1	0,3	0,3	12,0	0,7		
d WC 120 N 2436	2,1	0,3	0,3	12,0	0,7		

5.2 Versuche

5.21 Versuchspreßform

Die Versuchspreßform besteht aus einem Außenring mit kegeliger Innenbohrung. In ihn werden vier Segmente der angegebenen verschiedenen Werkstoffe eingepreßt. Mit Hilfe der Kegelpreßpassung konnte einerseits die Längspreßkraft durch entsprechende Einpreßtiefe eingehalten werden, andererseits waren die Segmente leicht aus dem Stützring zu lösen (Abb. 12). Der Stützring, der aus einem Werkzeugstahl K 60 (Werkstoffnummer 1740) angefertigt war, hatte während der Pressung den Radialdruck aufzunehmen, während an den Segmenten der Verschleißwiderstand bequem bestimmt werden konnte.
Die Innenabmessungen des Formringes, die von der Forschungsgemeinschaft Schleifscheiben empfohlen waren, entsprechen einer sehr häufig herzustellenden Schleifscheibengröße. Dadurch sollte die Möglichkeit gegeben sein, in verhältnismäßig kurzer Zeit die erforderlichen Versuchspressungen in der laufenden Produktion ausführen zu können. Sie betrugen:

Innendurchmesser	202/200 mm
Höhe	100 mm
Kegeligkeit	$\approx 0{,}3°$

Es war zu erwarten, daß die beiden bei zwei verschiedenen Firmen zum Einsatz gebrachten Vier-Segmenten-Formen unterschiedlichen Beanspruchungen ausgesetzt sein würden. Um jedoch Unterschiede im Verschleißverhalten der Werkstoffe bei verschiedenen Segmenten des gleichen Werkstoffes durch ungleichmäßige Wärmebehandlung auszuschließen, wurden die Segmente in folgender Weise hergestellt:

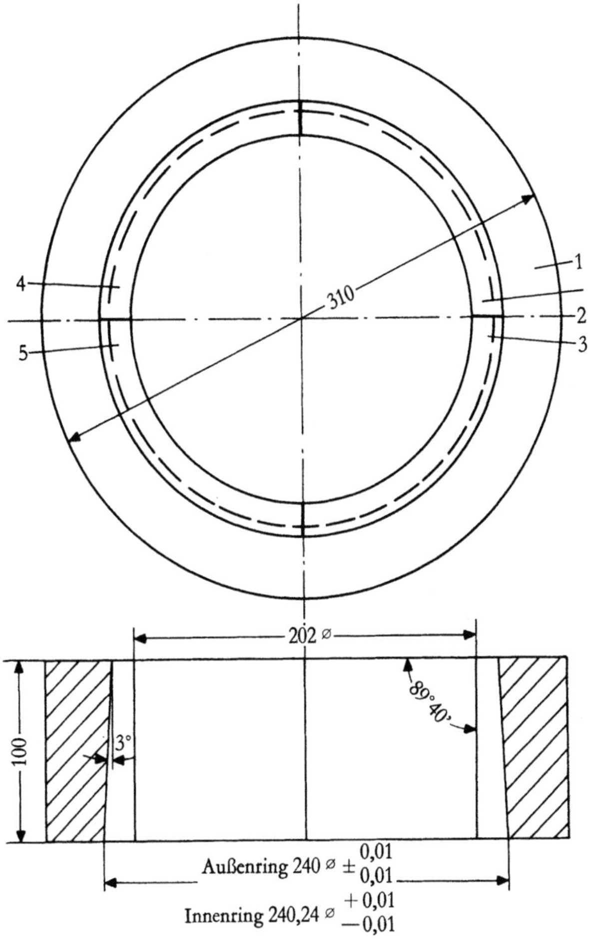

Teil 1 Stützring, K 60
2 Segment, ANC 17, nitr.
3 Segment, MC 13 E, Einsatz
4 Segment, WC 120 N, nitr.
5 Segment, WC 120 N, geh.

Abb. 12 Aufbau und Maße der Versuchspreßform

Aus dem zu untersuchenden Werkstoff wurde ein geschlossener Ring gedreht, der in seinen Abmessungen den Maßen der erforderlichen Segmente entsprach. Vor der Zerlegung wurde der Ring gehärtet, um eine gleiche Wärmebehandlung der Segmente zu gewährleisten. Die Zerteilung in Segmente war durch Sägen der hohen Härte des Ringes wegen nicht mehr möglich. Der Trennschliff erschien wegen der Gefahr zu großer Erwärmung nicht ratsam. Deshalb erfolgte die Trennung durch Funkenerosion, bei der eine Gefügeumwandlung im gehärteten Werkstoff nicht zu befürchten war.

5.22 Versuchspressungen

Die beiden gleichartig aufgebauten Versuchspreßformen wurden in den beiden vorher genannten Firmen in der laufenden Produktion eingesetzt. Sie unterlagen daher den wechselnden Preßbedingungen. Dadurch kann zwar nicht das Verschleißverhalten der untersuchten Preßformenwerkstoffe unter festen, definierten Bedingungen ermittelt werden. Doch ist es möglich, den Verschleißwiderstand der betrachtenden Werkstoffe bei den in der Praxis vorliegenden üblichen Bedingungen beim Pressen mit Formen dieser Größe anzugeben. Die Bestimmung war daher so praxisnahe wie nur irgend möglich. Nun konnte von vornherein nicht ausgeschlossen werden, daß die Rangfolge der Werkstoffe hinsichtlich ihres Verschleißwiderstandes, auf die es hier in erster Linie ankommt, bei sehr weit auseinander liegenden Preßbedingungen (z. B. keramische Bindung oder Kunststoffbindung oder verschiedene Schleifmittel) verschieden ist. Dieser Unsicherheit wurde Rechnung getragen, indem die gleichartig aufgebauten Preßformen in den beiden Firmen jeweils sehr unterschiedlichen Preßbedingungen unterlagen, wie aus der folgenden Übersicht hervorgeht, die nach den Firmenangaben zusammengestellt wurde.

Form 1, Guilleaume-Werke	Form 2, Feldmühle
Silizium-Carbid-Korn, Korngröße 20–80	Redurit-Korn
Normalkorund	Korngröße 24
Edelkorund	
Bindung: keramisch	Bakelite
Preßlingshöhe: 35–53 [mm]	20 [mm]
Druck: 20–250 [kg/cm^2]	bis 250 [kg/cm^2]
Preßart: auf Volumen	auf Kraft
Anzahl der Pressungen: 1055	662

Wesentlich war ferner, daß die Breite der in den Formen gepreßten Scheiben nur in einem verhältnismäßig geringen Bereich wechselte; in der Form 2 war sie sogar gleich. Dadurch bildete sich an den beiden Preßformen der Kolkverschleiß nur in einer Zone, der Kolk bildete sich schon bei kleineren Preßzahlen stark aus, wodurch der Vergleich der Werkstoffe hinsichtlich des Verschleißwiderstandes sich vereinfachte.

Nachdem mehrere hundert Scheiben in den Versuchsformen gepreßt worden waren, zeigten in beiden Formen die beiden nitrierten Segmente einen so hohen Verschleiß, daß die Versuche abgebrochen werden mußten. Da die Nitrierschicht bekanntlich sehr dünn ist, war zu vermuten, daß beim Nachschleifen der Formen vor ihrem Einsatz bereits ein größerer Teil der nitrierten Schicht ausgeschliffen worden war. Durch Gefügeuntersuchungen im Schräganschliff konnte festgestellt werden, daß tatsächlich die nitrierte Schicht nur noch wenige hundertstel mm dick war. Härtemessungen, auf einem Mikrohärtegerät ausgeführt, zeigten überdies, daß ein Fehler in der Nitrierung nicht vorlag. Trotzdem brachte die erste Versuchsserie wertvolle Ergebnisse, worauf wir im nächsten Abschnitt zurückkommen.

5.23 *Versuchsauswertung*

Es mußte zunächst ein zuverlässiges und reproduzierbares Verfahren entwickelt werden, um den an den Preßformen aufgetretenen Verschleiß zu messen. Dabei durfte die Preßform nicht zur Messung zerstört werden, deshalb schied die Umrißlinienprojektion aus. Eine Durchmesserbestimmung in verschiedenen Formenhöhen, selbst mit feinfühligen Meßgeräten, erwies sich als zu ungenau.
Als bestes Verfahren erwies sich die Oberflächenabtastung mit einem Leitz-Forster-Gerät, bei dem sowohl die Makroverformung – wie der Kolkverschleiß – als auch die Feingestalt der Oberfläche mit ihren durch die Pressungen entstandenen verschieden starken Riefen deutlich sichtbar und auf 0,5 μm genau auszumessen war. Die Schwierigkeit dieses Verfahrens bestand allerdings darin, daß Innenabtastungen, wie sie an den Preßformen erforderlich waren, nur bis zu rd. 25 mm Tiefe möglich sind. Da die Preßformen aber z.T. über 100 mm hoch sind, mußte die Abtastung über einen Abdruck erfolgen. Auf die Oberfläche des zu prüfenden Werkstückes wird dazu ein flüssiger Kunststoff hoher Benetzungsfähigkeit gegossen, der auch in die kleinsten Rillen und Vertiefungen eindringt. Nach seiner Aushärtung wird er dann von der Oberfläche des Werkstückes abgehoben und bildet so im »Negativ« ein genaues Abbild des Werkstückes:
In Vorversuchen wurden verschiedene Kunststoffe erprobt. Von ihnen erwies sich das Abdruckmaterial Technovit der Firma Kulzer & Co. GmbH, Bad Homburg v. d. H., als das geeignetste, das bei guter Benetzungsfähigkeit rasch aushärtet. Es erfüllte auch die Hauptbedingung ausreichender Festigkeit und Härte und geringen Verzuges bei der Aushärtung. Bei Vergleichsabtastungen des Werkstückes und des Abdruckes konnte bei 1000facher Vergrößerung des Abtastvorganges ein Fehler von nur maximal 4% der Riefenhöhe der Feingestalt festgestellt werden; es ergibt sich somit eine für die vorliegenden Vergleichsmessungen ausreichende Genauigkeit.
An diesem Abdruck können nun Abtastungen vorgenommen werden, die

1. in Längsabtastung (in Richtung der Pressung) die Messung der Kolktiefe und ihres Gestaltverlaufes und
2. die Ermittlung der Längsriefentiefe durch Querabtastungen (quer zur Preßrichtung) an verschiedenen Höhen der Preßformwanderung ermöglichen.

5.24 *Ergebnisse*
Verschleißwiderstand

Die Abb. 13 und 14 zeigen Längs- und Querabtastungen der Versuchspreßformen, die in der Zone des Kolkverschleißes ausgeführt wurden. Der weiße Teil der für die vier Segmente aufgenommenen Diagramme stellt den Werkstoff dar, so daß der Umriß des Werkzeuges an der Kolkverschleißstelle klar zu erkennen ist. Qualitativ stimmt der Umriß, d. i. die Kolkform, bei allen Segmenten überein, lediglich die Kolktiefe ist unterschiedlich groß. Das beweist, daß der Verschleiß-

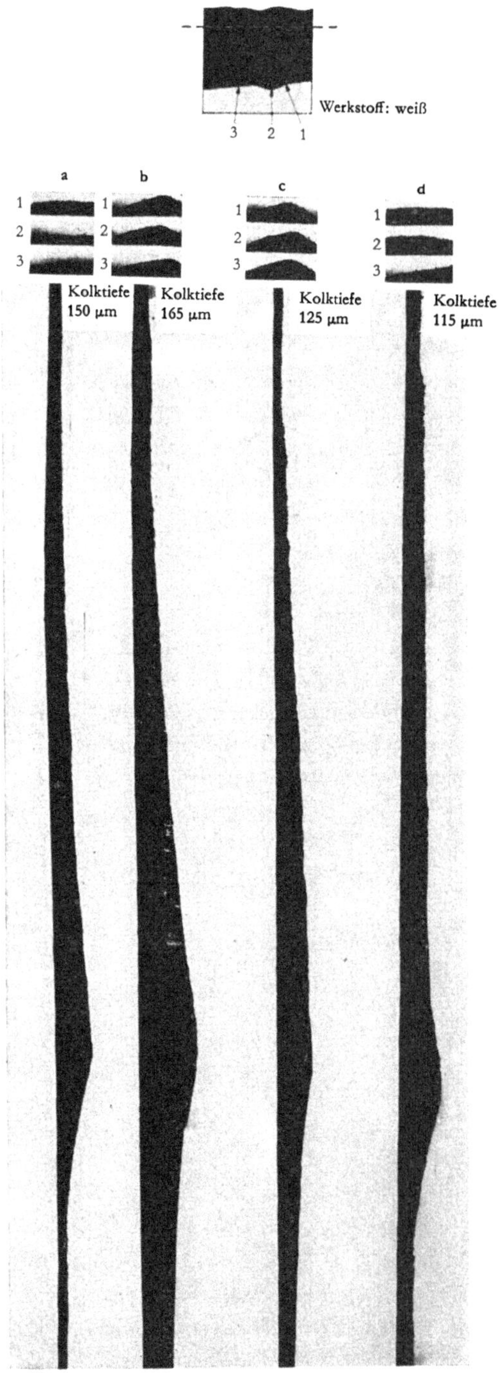

a

b

Abb. 13a und b Oberflächenabtastungen zur Messung des Verschleißes an den Versuchspreßformen

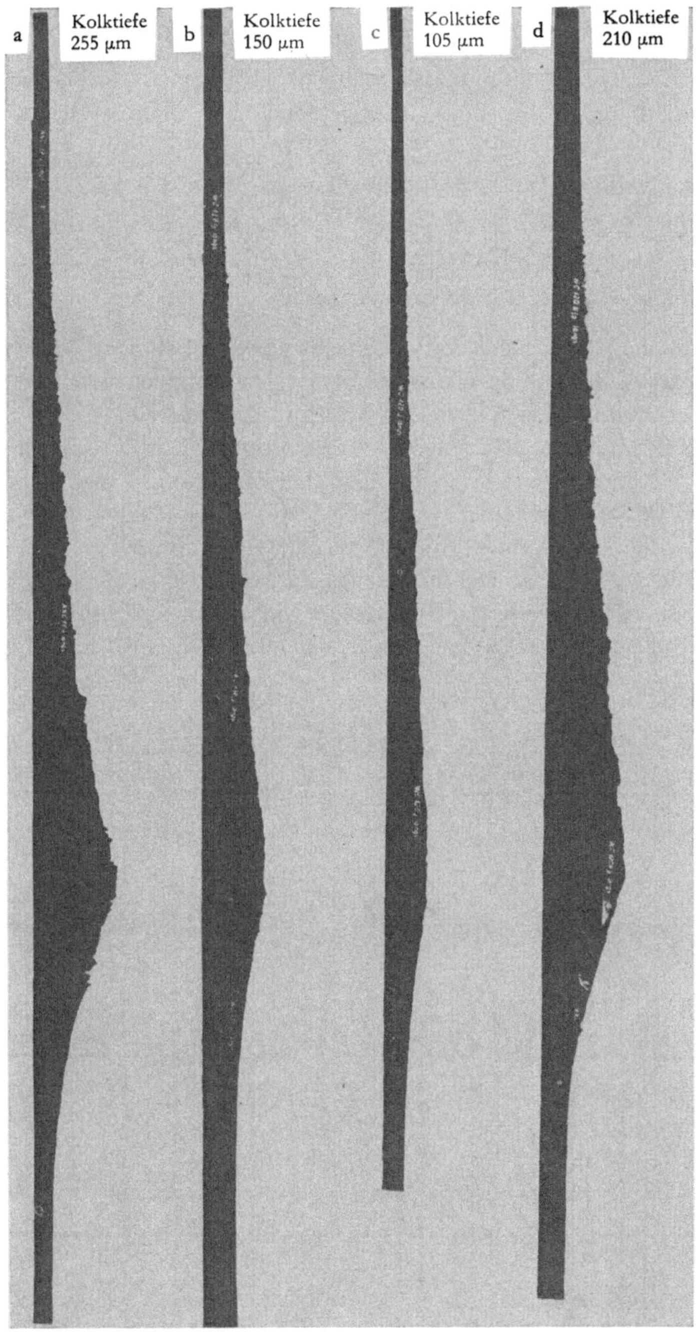

Abb. 14 Oberflächenabtastungen zur Messung des Verschleißes an den Versuchspreßformen — Nitrierschicht bei den Werkstoffen a und d durchstoßen

vorgang an den untersuchten Werkzeugstoffen gleichartig verläuft und wir aus der Kolktiefe, unserem Verschleißkriterium, die Rangfolge der Werkstoffe hinsichtlich ihres Verschleißwiderstandes ablesen können. Sie war bei beiden Versuchsformen gleich:

Werkstoff d (2436 [Sel-Bez.] durchgehärtet und oberflächengehärtet durch Nitrierung)

Werkstoff c (2436 [Sel-Bez.] durchgehärtet)

Werkstoff a (ANC 17 [Bezeichnung der Firma Robert Zapp] oberflächengehärtet durch Nitrierung)

Werkstoff b (2162 [Sel-Bez.] einsatzgehärtet)

Wie groß die Unterschiede der Verschleißwiderstände sind, erkennt man aus der Säulendarstellung für Form 1 und 2 (Abb. 15). In sie wurden die an den Segmenten gemessenen Kolktiefen in Form von Säulen maßstäblich eingetragen, zu denen ja die Verschleißwiderstände umgekehrt proportional sind. Danach hat der Werkstoff d den besten Verschleißwiderstand. Die Werkstoffe a und c unterscheiden sich nur wenig, während der Verschleißwiderstand des Werkstoffes b am schlechtesten ist. Dieses Ergebnis ist auf Grund unserer Erkenntnisse über die Werkstoffstähle einleuchtend. Der einsatzgehärtete, wenig Chrom enthaltende Stahl b besitzt auf seiner Oberfläche eine weniger dichte Schicht Chromkarbide als der hochchromhaltige Werkzeugstahl c. Bemerkenswert ist jedoch, daß der niedrig

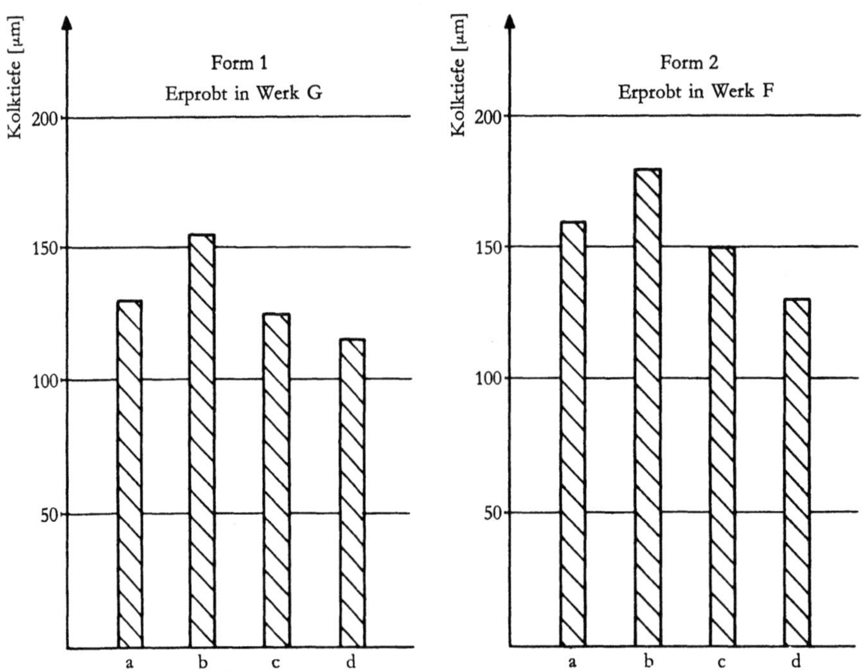

Abb. 15a und b Verschleiß der Segmentwerkstoffe (Kolktiefe) in den Versuchspreßformen 1 und 2

legierte, nitrierte Stahl a in seinem Verschleißwiderstand dem hochchromhaltigen durchgehärteten Stahl sehr nahe kommt. Das zeigt, daß die sehr harten Nitrite dem Grundwerkstoff einen fast ebenso hohen Verschleißschutz bieten wie die weniger harten, dafür aber zäheren Chromkarbide. Wie günstig sich die Nitrierung auswirkt, zeigt besonders ein Vergleich des hochchromhaltigen durchgehärteten Stahles c mit demselben, jedoch nach der Durchhärtung zusätzlich nitrierten Stahl d.

Wenn es auch auf Grund der Überlegenheit des hochchromhaltigen durchgehärteten und nitrierten Stahles ratsam erscheint, hochchromhaltige Stähle grundsätzlich vor ihrem Einsatz noch zu nitrieren, so muß doch auf eine Gefahr hingewiesen werden. Bei der einen Versuchsserie, bei der, wie vorher beschrieben, die Nitrierschicht versehentlich vor dem Einsatz der Formen ausgeschliffen war, zeigte es sich, daß der durchgehärtete und nitrierte Stahl d stark verschliß, während der lediglich durchgehärtete gleiche Stahl nur einen geringen Verschleiß zeigte. Das bedeutet, daß bei der nachträglichen Nitrierung der Verschleißwiderstand des durchgehärteten Stoffes stark herabgesetzt wird. Deshalb ist eine nachträgliche Nitrierung hochchromhaltiger Stähle nur dann zu empfehlen, wenn die Bedingungen für eine einwandfreie Nitrierung gewährleistet sind.

Vorher wurde bereits darauf hingewiesen, daß die beiden gleichartigen Versuchspreßformen jeweils sehr unterschiedlichen Preßbedingungen unterlagen; in der den Guilleaume-Werken übergebenen Form 1 wurden Scheiben mit keramischer Bindung mit feinerem Schleifkorn »auf Druck« gepreßt, während in der der Feldmühle übergebenen Form zwei Schleifscheiben mit Kunststoffbindung mit gröberem Schleifkorn und »auf Kraft« gepreßt wurden. Dennoch ist nicht nur die Reihenfolge der Werkstoffe hinsichtlich ihres Verschleißwiderstandes die gleiche (Abb. 15), sondern es streut auch das Verhältnis zwischen den absoluten Werten der an den verschiedenen Segmenten bestimmten Kolktiefen nur wenig. Das ist aus der Säulendarstellung Abb. 16 zu erkennen, in der die Kolktiefen des Segmentes aus dem Werkstoff c gleich 100 gesetzt und auf diese die an den übrigen Segmenten gemessenen Kolktiefen jeweils bezogen werden. Das bedeutet, daß die an den beiden Versuchsformen ermittelten Ergebnisse nicht nur hinsichtlich der Rangfolge des Verschleißwiderstandes, sondern auch hinsichtlich des Verhältnisses der Verschleißwiderstände der Werkstoffe untereinander weitestgehend verallgemeinert werden dürfen.

Die absolute Größe des Verschleißes ist an der Form 2 größer als an der Form 1, obwohl in ersterer 662 Pressungen gegenüber 1055 Pressungen in letzterer ausgeführt wurden. Das weist auf stärker schleißende Wirkung beim Pressen kunststoffgebundener Scheiben gröberer Körnung gegenüber keramisch gebundener Scheiben feinerer Körnung hin; ein Ergebnis, das sich mit den Erfahrungen der Praxis deckt.

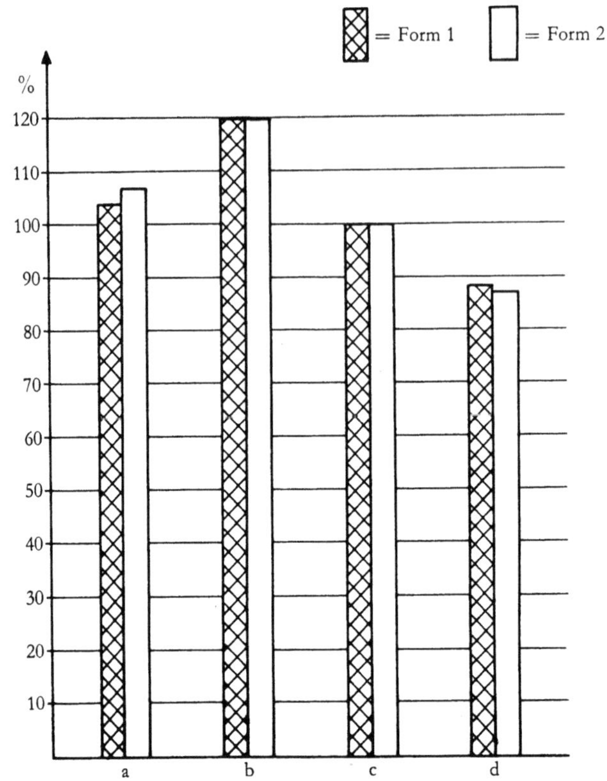

Abb. 16 Darstellung des Verschleißes in %, bezogen auf den Werkstoff c (Chromstahl 2436 durchgehärtet)

Verschleiß in Abhängigkeit von der Preßzahl

Auf Grund von Zwischenmessungen ist es möglich, den Verschleiß annähernd in Abhängigkeit von der Anzahl der Pressungen anzugeben (Abb. 17 und 18). Da die Gesamtzahl der in den Formen gepreßten Scheiben verhältnismäßig klein war und die größte zulässige Kolktiefe, die gemeinhin mit 350–500 µm angegeben wird, in keinem Fall erreicht wurde, standen nur wenige Meßergebnisse zur Verfügung. Dennoch fällt auf, daß im durch die Messungen belegten Bereich die für die einzelnen Segmente aufgestellten Kurven nahezu parallel laufen. Damit bestätigen sich die Messungen gegenseitig, zumal sie an beiden Formen gefunden wurden, so daß sie als gesichert anzusehen sind.
Eine Extrapolation der Verschleißkurven zu kleineren Preßzahlen hin ist angenähert möglich, da vor dem Einsatz der Form die Kolktiefe ja gleich Null war, so daß der Endpunkt festliegt. Vorsichtiger muß die Extrapolation zu höheren Preßzahlen hin vorgenommen werden. Bei dem durchgehärteten Werkstoff c dürfte die Verschleißkurve weiter etwa gradlinig verlaufen. Hingegen ist bei den nitrierten Werkstoffen bei höheren Preßzahlen mit einem erneuten Steilanstieg zu rechnen, nämlich dann, wenn die etwa 0,5 mm dicke Nitrierschicht durchbrochen

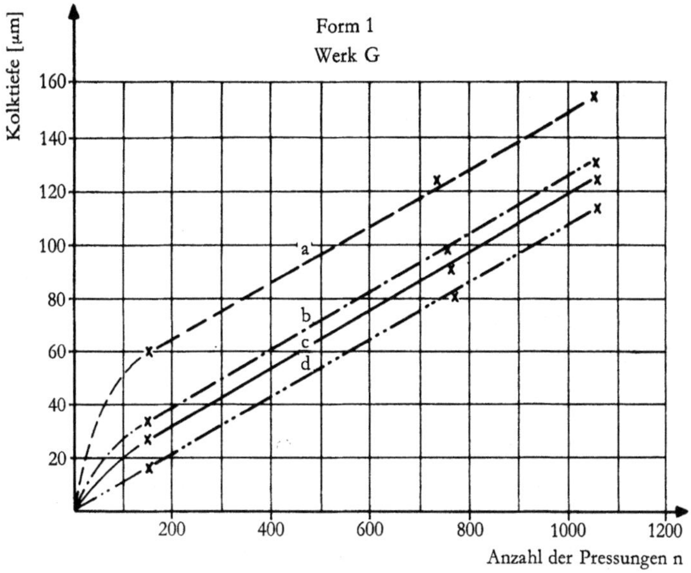

Abb. 17 Verschleißverlauf (Kolktiefe) über der Anzahl der Pressungen

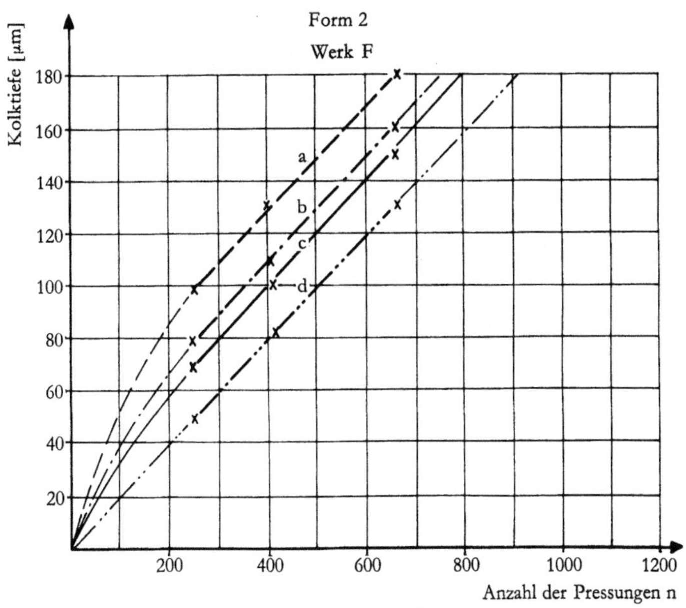

Abb. 18 Verschleißverlauf (Kolktiefe) über der Anzahl der Pressungen

wird. Auch bei dem im Einsatz gehärteten Werkstoff ist bei hohen Preßzahlen mit einem Steilanstieg zu rechnen, der jedoch nach einer größeren Preßanzahl als bei dem nitrierten Werkstoff beginnen wird, da die gehärtete Oberflächenschicht dicker ist (1,5 und 2 mm). Unter Berücksichtigung dieser Tatsache und auf Grund der an der Form 2 gefundenen Ergebnisse, nach denen eine lineare Zunahme der Kolktiefe bis 180 μm nachgewiesen wurde, dürfen alle Verschleißkurven mindestens bis zu diesem Wert linear extrapoliert werden.
Nehmen wir nur diese Kolktiefe als höchsten zulässigen Wert an, so können wir auf der Abszisse die Standmenge für die verschiedenen Werkstückstoffe abgreifen. In Wirklichkeit wird allerdings eine größere Kolktiefe zugelassen, so daß sich die Standmengen entsprechend erhöhen.

Wirtschaftlichkeit

Vorher wurde eingehend begründet, daß für die Wirtschaftlichkeit der Formen das Verhältnis von Kosten für die neue Form K_F zur Standmenge n – es stellt nichts anderes als den Kostenanteil des Werkzeuges für jede Pressung dar – maßgeblich ist. Nachdem wir sahen, daß die Kolktiefe im für die Praxis interessanten Bereich annähernd linear zunimmt und die Anstiege der für die verschiedenen Werkstoffe aufgenommenen Verschleißkurven einander parallel laufen, dürfen wir an Stelle der Standmenge den Verschleißwiderstand setzen. Für ihn können wir wieder als Maßzahl den Kehrwert der Kolktiefe setzen, der ebenfalls der Standmenge proportional ist.
Da andererseits die Fertigungskosten für Einstoff-Formen aus verschiedenen Werkstoffen etwa gleich groß sind, dürfen wir für den Wirtschaftlichkeitsvergleich als Maßzahl für die Kosten einer neuen Form K_F den Werkstoffpreis setzen. Bilden wir auf diese Weise die Verhältniszahlen für jeden Werkstoff und setzen das für den hochchromhaltigen Werkstoff gefundene Ergebnis wieder gleich 100, so erhalten wir die Säulendarstellung für die Wirtschaftlichkeit (Abb. 19). Da wir als Werkstoffpreis[2] den Preis, bezogen auf das Formengewicht, für einen fertig geschmiedeten Ring einschließlich der Härtekosten einsetzten, können wir unter der Annahme, daß die Nacharbeit bei Formen aus verschiedenen Werkstoffen gleich groß ist, aus der Säulendarstellung direkt ablesen, um wieviel Prozent die Preßformwerkzeugkosten je Pressung beim Einsatz der verschiedenen Formwerkstoffe abweichen. Danach ergibt sich, daß die Werkzeugkosten je Pressung bei Einsatz des Einsatzstahles (b) und des Nitrierstahles a nahezu gleich hoch sind, jedoch weniger als halb so groß wie die Werkzeugkosten bei Einsatz des hochchromhaltigen Werkzeugstoffes (c). Die zusätzliche Nitrierung des hochchromhaltigen durchgehärteten Werkzeugstahles d wirkt sich auf die Wirtschaftlichkeit nicht aus, wenn man als Nitrierkosten[3] 1,20 DM/kg annimmt. Zusammenfassend ergibt sich folgende Reihenfolge für zunehmende Wirtschaftlichkeit:

[2] Die Werkstoffpreise wurden auf Grund von Firmenangaben (Stand 1958) angesetzt.
[3] Preis berechnet sich nach Angabe eines Stahlherstellers (Stand 1958), wenn Durchhärtung und Nitrierung gleich nacheinander durchgeführt werden.

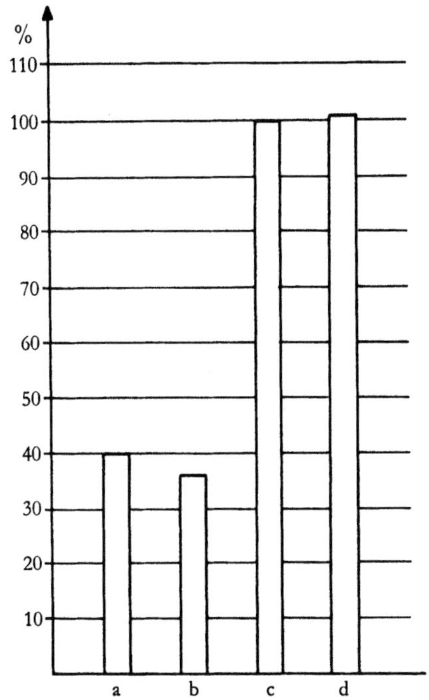

Abb. 19 Darstellung der Preßformkosten in %, bezogen auf den Werkstoff c (Chromstahl 2436 durchgehärtet)
Eingesetzte Werkstoffpreise:

a	ANC 17 (Rob.-Zapp-Bez.)	2,85 DM
b	2162 (Sel-Bez.)	2,40 DM
c	2436 (Sel-Bez.)	7,50 DM
d	2436 (Sel-Bez.) nitriert.	8,70 DM

Werkstoff b (2162 [Sel-Bez.] einsatzgehärtet)

Werkstoff a (ANC 17 [Bezeichnung der Firma Robert Zapp] oberflächengehärtet durch Nitrierung)

Werkstoff c (2436 [Sel-Bez.] durchgehärtet)

Werkstoff d (2436 [Sel-Bez.] durchgehärtet und oberflächengehärtet durch Nitrierung)

Dabei ist aber zu bemerken, daß die Reihenfolge vom Stahlpreis abhängig ist, der sich mit der Zeit ändern kann. Doch ist eine Umrechnung auf den jeweiligen Stand ohne weiteres möglich.

5.25 Schlußbemerkung zu Abschnitt 5

Es wurden vier Werkzeugstähle hinsichtlich ihres Verschleißwiderstandes miteinander verglichen. Die Ergebnisse waren folgende:

1. Die Rangfolge der Werkzeugstoffe hinsichtlich ihres Verschleißwiderstandes war unter verschiedenen Preßbedingungen gleich, so daß die Ergebnisse verallgemeinert werden dürfen.
2. Hinsichtlich des Verschleißwiderstandes ergab sich als Rangfolge: Preßformwerkzeugstoff d, c, a, b.
3. Der Verschleiß nahm mit der Preßanzahl im untersuchten Bereich linear, und zwar für alle Werkzeugstoffe etwa gleich stark zu.
4. Auf Grund der Stahlpreise wurde eine Reihenfolge der Preßformwerkzeugstoffe aufgestellt. Danach sind der Nitrierstahl und wenig chromenthaltender Einsatzstahl etwa gleich, jedoch mehr als doppelt so wirtschaftlich wie der hochchromlegierte durchgehärtete bzw. durchgehärtete und nitrierte Werkzeugstahl; die nachträgliche Nitrierung erhöht die Wirtschaftlichkeit nicht.

Hannover, Juli 1964

Dr.-Ing. H.-J. CRASEMANN
Dr.-Ing. Manfred MEYER

FORSCHUNGSBERICHTE DES LANDES NORDRHEIN-WESTFALEN

Herausgegeben im Auftrage des Ministerpräsidenten Dr. Franz Meyers
von Staatssekretär Prof. Dr. h. c. Dr.-Ing. E. h. Leo Brandt

BAU · STEINE · ERDEN

HEFT 36
Forschungsinstitut der Feuerfest-Industrie, Bonn
Untersuchungen über die Trocknung von Rohton. Untersuchungen über die chemische Reinigung von Silikat-und Schamotte-Rohstoffen mit chlorhaltigen Gasen
1953. 51 Seiten, 5 Abb., 5 Tabellen. DM 11,—

HEFT 37
Forschungsinstitut für Feuerfest-Industrie, Bonn
Untersuchungen über den Einfluß der Probenvorbereitung auf die Kaltdruckfestigkeit feuerfester Steine. Untersuchungen über die Abnutzung von Strangpressen-Messern bei der Verarbeitung plastischer Schamotte-Massen
1953. 33 Seiten, 2 Abb., 5 Tabellen. DM 7,80

HEFT 59
Forschungsinstitut für Feuerfest-Industrie, Bonn
Ein Schnellanalysenverfahren zur Bestimmung von Aluminiumoxyd, Eisenoxyd und Titanoxyd in feuerfestem Material mittels organischer Farbreagenzien auf photometrischem Wege.
Untersuchungen des Alkali-Gehaltes feuerfester Stoffe mit dem Flammenphotometer nach Riehm-Lange
1954. 52 Seiten, 12 Abb., 3 Tabellen. Vergriffen

HEFT 76
Max-Planck-Institut für Arbeitsphysiologie, Dortmund
Arbeitstechnische und arbeitsphysiologische Rationalisierung von Mauersteinen
1954. 41 Seiten ,12 Abb., 3 Tabellen. DM 10,20

HEFT 81
Prüf- und Forschungsinstitut für Ziegeleierzeugnisse, Essen-Kray
Die Einführung des großformatigen Einheits-Gitterziegels im Lande Nordrhein-Westfalen
1954. 54 Seiten, 2 Abb., 2 Tabellen, 7 Seiten Anhang. DM 10,—

HEFT 90
Forschungsinstitut der Feuerfest-Industrie, Bonn
Das Verhalten von Silikatsteinen im Siemens-Martin-Ofengewölbe
1954. 49 Seiten, 15 Abb., 11 Tabellen. DM 11,90

HEFT 91
Forschungsinstitut der Feuerfest-Industrie, Bonn
Untersuchungen des Zusammenhangs zwischen Leistung und Kohlenverbrauch von Kammer-Öfen zum Brennen von feuerfesten Materialien
1954. 29 Seiten, 6 Abb. DM 8,30

HEFT 106
Oberregierungsrat Dr.-Ing. W. Küch, Dortmund
Untersuchungen über die Einwirkung von feuchtigkeitsgesättigter Luft auf die Festigkeit von Leimverbindungen
1954. 64 Seiten, 10 Abb., 6 Tabellen. DM 11,40

HEFT 111
Fachverband Steinzeugindustrie, Köln
Die Entwicklung eines Gerätes zur Beschickung seitlicher Feuer von Steinzeug-Einzelkammeröfen mit festen Brennstoffen
1955. 31 Seiten, 16 Abb. DM 9,40

HEFT 127
Güteschutz Betonstein e. V., Arbeitskreis Nordrhein-Westfalen, Dortmund
Die Betonwaren-Gütesicherung im Lande Nordrhein-Westfalen
1954. 44 Seiten, 15 Abb., 3 Tabellen. DM 11,50

HEFT 142
Dipl.-Ing. G. M. F. Wiebel, Hannover, A. Konermann und A. Ottenheym, Sennelager
Entwicklung eines Kalksandleichtsteines
1955. 21 Seiten, 4 Abb. DM 8,—

HEFT 149
Dr.-Ing. Kamillo Konopicky und
Dipl.-Chem. P. Kampa, Bonn
I. Beitrag zur flammenphotometrischen Bestimmung des Calciums
Dr.-Ing. Kamillo Konopicky, Bonn
II. Die Wanderung von Schlackenbestandteilen in feuerfesten Baustoffen
1955. 37 Seiten, 10 Abb., 5 Tabellen. DM 11,—

HEFT 180
Dr.-Ing. Werner Piepenburg,
Dipl.-Ing. Bodo Bühling und Bau-Ing. Johannes Behnke, Köln
Putzarbeiten im Hochbau und Versuche mit aktiviertem Mörtel und mechanischem Mörtelauftrag
1955. 103 Seiten, 31 Abb., 68 Tabellen. DM 23,—

HEFT 213
Dipl.-Ing. K. F. Rittinghaus, Institut für elektrische Nachrichtentechnik der Rhein.-Westf. Technischen Hochschule Aachen
Zusammenstellung eines Meßwagens für Bau- und Raumakustik
1957. 87 Seiten, 17 Abb., 7 Tabellen. DM 19,80

HEFT 223
Dr.-Ing. Kurt Alberti und
Dr. phil. habil. Franz Schwarz, Forschungslaboratorium des Bundesverbandes der Deutschen Kalkindustrie e. V., Köln
Über das Problem Hartbrand–Weichbrand
1956. 43 Seiten, 25 Abb., 14 Tabellen. DM 12,10

HEFT 231
Oberregierungsrat Dr.-Ing. W. Küch, Deutsche Gesellschaft für Holzforschung e. V., Stuttgart
Über die Wechselwirkung zwischen Holzschutzbehandlung und Verleimung
1956. 38 Seiten, 10 Abb., 8 Tabellen. DM 10,40

HEFT 250
Dozent Dr. phil. habil. Franz Schwarz und
Dr.-Ing. Kurt Alberti, Forschungslaboratorium des Bundesverbandes der Deutschen Kalkindustrie e. V., Köln
Entwicklung von Untersuchungsverfahren zur Gütebeurteilung von Industriekalken
1956. 23 Seiten, 9 Abb., 4 Tabellen. DM 16,50

HEFT 266
Fliesen-Beratungsstelle Bad Godesberg-Mehlem
Güteeigenschaften keramischer Wand- und Bodenfliesen und deren Prüfmethoden
1956. 21 Seiten. DM 7,10

HEFT 319
Prof. Dr. phil. Carl Kröger, Institut für Brennstoffchemie der Rhein.-Westf. Technischen Hochschule Aachen
Gemengereaktionen und Glasschmelze
1956. 109 Seiten, 53 Abb., 16 Tabellen. DM 26,—

HEFT 370
Dozent Dr. phil. habil. Franz Schwarz, Köln
Physikochemische Grundlagen der Bildsamkeit von Kalken unter Einbeziehung des Begriffes der aktiven Oberfläche
1958. 90 Seiten, 14 Abb., 16 Tabellen, 36 Titrationen. DM 25,10

HEFT 398
Prof. Dr. phil. nat. habil. Hans-Ernst Schwiete und
Dipl.-Ing. Günter Geisdorf, Aachen
Einlagerungsversuche an synthetischem Mullit Teil I
Prof. Dr. phil. nat. habil. Hans-Ernst Schwiete
Master of Science Arun Kumar Bose und
Dr. phil Hermann Müller-Hesse, Aachen
Die Zusammensetzung der Schmelzphase in Schamottesteinen Teil I
1957. 45 Seiten, 17 Abb., 17 Tabellen. DM 14,50

HEFT 399
Prof. Dr. phil. nat. habil. Hans-Ernst Schwiete und
Dr.-Ing. Reinhard Vinkeloe, Aachen
Möglichkeiten der quantitativen Mineralanalyse mit dem Zählrohrgerät unter besonderer Berücksichtigung der Mineralgehaltsbestimmung von Tonen
1958, 88 Seiten, 34 Abb., 1 Tabelle. DM 26,70

HEFT 402
Prof. Dr. Werner Linke Aachen
Die Wärmeübertragung durch Thermopane-Fenster
1958, 29 Seiten, 17 Abb., 2 Tabellen. DM 10,80

HEFT 430
Prof. Dr. Georg Garbotz und Dr.-Ing. Gerhard Dress, Institut für Baumaschinen und Bauarbeiten der Rhein.-Westf. Technischen Hochschule Aachen
Untersuchungen über das Kräftespiel an Flachbagger-Schneidwerkzeugen in Mittelsand und schwach bindigem, sandigem Schluff unter besonderer Berücksichtigung der Planierschilde und ebenen Schürfkübelschneiden
1958. 142 Seiten, 81 Abb. DM 37,50

HEFT 453
Forschungsinstitut der Feuerfest-Industrie, Bonn
Die Arbeiten der technisch-wissenschaftlichen Kommission der PRE (Vereinigung der europäischen Feuerfest-Industrie)
1957. 50 Seiten, 2 Abb., 18 Tabellen. DM 14,75

HEFT 454
Dr.-Ing. Werner Piepenburg, Dipl.-Ing. Bodo Bühling und Bau-Ing. Johannes Behnke, Forschungslaboratorium des Bundesverbandes der Deutschen Kalkindustrie e. V., Köln
Haftfestigkeit der Putzmörtel
1958. 115 Seiten, 6 Abb., 63 Tabellen. DM 28,30

HEFT 482
Dipl.-Ing. Rudolf Pels-Leusden und
Dr. Karl Bergmann, Prüf-Forschungsinstitut für Ziegelerzeugnisse e. V., Essen-Kray
Die Frostbeständigkeit von Ziegeln; Einflüsse der Materialzusammensetzung und des Brandes
1958. 70 Seiten, 31 Abb., 5 Tabellen. DM 20,45

HEFT 484
Prof. Dr. phil. nat. habil. Hans-Ernst Schwiete und
Dr. Gisela Franzen, Institut für Gesteinshüttenkunde der Rhein.-Westf. Technischen Hochschule Aachen
Beitrag zur Struktur des Montmorillonit
1958. 74 Seiten, 23 Abb. DM 22,—

HEFT 488
Prof. Dr. phil. nat. habil. Hans-Ernst Schwiete und
Dipl.-Chem. Heribert Westmark, Institut für Gesteinshüttenkunde der Rhein.-Westf. Technischen Hochschule Aachen
Beitrag zur Kennzeichnung der Texturen von Schamottesteinen
1958. 48 Seiten, 32 Abb., 7 Tabellen. DM 16,80

HEFT 528
Dipl.-Chem. Dr. Paul Ney, Forschungslaboratorium des Bundesverbandes der Deutschen Kalkindustrie e. V., Köln
Physikochemische Grundlagen der Bildsamkeit von Kalken unter Einbeziehung des Begriffs der aktiven Oberfläche
1958. 80 Seiten, 30 Abb., 6 Tabellen. DM 26,75

HEFT 543
Prof. Dr. phil. nat. habil. Hans-Ernst Schwiete,
Dr. phil. Hermann Müller-Hesse und
Dipl.-Ing. Günter Gelsdorf, Institut für Gesteinshüttenkunde der Rhein.-Westf. Technischen Hochschule Aachen
Einlagerungsversuche an synthetischem Mullit Teil II
1958. 28 Seiten, 5 Abb., 10 Tabellen. DM 10,—

HEFT 544
Prof. Dr. phil. nat. habil. Hans-Ernst Schwiete,
Dr.-Ing. Arun Kumar Bose und
Dr. phil. Hermann Müller-Hesse, Institut für Gesteinshüttenkunde der Rhein.-Westf. Technischen Hochschule Aachen
Die Schmelzphase in Schamottesteinen. Teil II
1958. 30 Seiten, 9 Abb., 12 Tabellen. DM 11,—

HEFT 545
Prof. Dr. phil. nat. habil. Hans-Ernst Schwiete,
Dr. rer. nat. Günther Ziegler und
Dipl.-Ing. Christoph Kliesch, Institut für Gesteinshüttenkunde der Rhein.-Westf. Technischen Hochschule Aachen
Thermochemische Untersuchungen über die Dehydration des Montmorillonits
1958. 48 Seiten, 16 Abb., 4 Tabellen. DM 15,40

HEFT 553
Prof. Dr. Georg Garbotz und
Dipl.-Ing. Josef Theiner, Institut für Gesteinshüttenkunde der Rhein.-Westf. Technischen Hochschule Aachen
Untersuchungen der statischen Walzverdichtungsvorgänge mit Glattwalzen und Vergleiche mit Ergebnissen aus Versuchen mit dynamischen Verdichtungsgeräten
1959. 286 Seiten, 208 Abb. DM 58,—

HEFT 559
Prof. Dr. phil. nat. habil. Hans-Ernst Schwiete und
Dipl.-Chem. Rainer Gauglitz, Institut für Gesteinshüttenkunde der Rhein.-Westf. Technischen Hochschule Aachen
Die Verflüssigung von Montmorillonitschlämmen
1958. 65 Seiten, 15 Abb., 5 Tabellen. DM 19,30

HEFT 634
Prüf- und Forschungsinstitut für Ziegeleierzeugnisse e. V., Essen-Kray
Verminderung der Streuungen der Masse, der Festigkeit und der Sprödigkeit von Ziegeln
1958. 93 Seiten, 36 Abb., 18 Tabellen. DM 24,30

HEFT 643
Max-Planck-Institut für Silikatforschung, Würzburg
Anisotropiemessungen an Schleifkörpern
1958. 38 Seiten, 22 Abb. DM 11,70

HEFT 651
Dr.-Ing. Albrecht Eisenberg, Staatliches Materialprüfungsamt Nordrhein-Westfalen Dortmund
Versuche zur Körperschalldämmung in Gebäuden
1958. 26 Seiten, 20 Abb. DM 8,10

HEFT 688
Prof. Dr. phil. nat. habil. Hans-Ernst Schwiete und
Dipl.-Ing. Arnulf Schüffler, Institut für Gesteinshüttenkunde der Rhein.-Westf. Technischen Hochschule Aachen
Entwicklung einer elektrisch beheizten Apparatur zur Messung von Wärmeleitfähigkeiten feuerfester Materialien bei hohen Temperaturen
1959. 41 Seiten, 16 Abb. DM 11,60

HEFT 689
Prof. Dr. phil. nat. habil. Hans-Ernst Schwiete und
Dipl.-Chem. Heribert Westmark, Institut für Gesteinshüttenkunde der Rhein.-Westf. Technischen Hochschule Aachen
Die Wärmeleitfähigkeit feuerfester Steine im Spiegel der Literatur
1949. 54 Seiten, 35 Abb. DM 16,30

HEFT 695
Dr.-Ing. Walter Herding, München
Die Fahrdynamik und das Arbeitsspiel gleisloser Erdbaugeräte als Kalkulationsgrundlage für die Bodenförderung und ihre Kosten
1960. 178 Seiten, 89 Abb., 18 Tabellen. DM 49,—

HEFT 711
Dr.-Ing. Kurt Alberti, Forschungslaboratorium des Bundesverbandes der Deutschen Kalkindustrie e. V., Köln
Einfluß der chemischen Zusammensetzung des Anmachewassers auf die Festigkeit von Kalkmörteln
1959. 50 Seiten, 4 Abb., 20 Tabellen. DM 13,10

HEFT 713
Dr.-Ing. Ernst Menzenbach, Institut für Verkehrswasserbau, Grundbau und Bodenmechanik der Rhein.-Westf. Technischen Hochschule Aachen
Die Anwendbarkeit von Sonden zur Prüfung der Festigkeitseigenschaften des Baugrundes
1959. 215 Seiten, 190 Abb., 24 Tabellen. Vergriffen

HEFT 734
Institut für Bauforschung e. V., Hannover
Arbeitstechnische und arbeitsphysiologische Untersuchungen zur Erleichterung der Maurerarbeit
1959. 55 Seiten, 15 Abb., 7 Anlagen, 20 Tabellen. DM 15,60

HEFT 843
Dipl.-Chem. Wolfgang Schmidt,
Dipl.-Chem. Emil Köhler und
Dipl.-Ing. Wilhelm Schmidt, Forschungsinstitut der Feuerfest-Industrie, Bonn
Flammenspektrometrische Alkalibestimmung im Korund
1960. 13 Seiten, 2 Abb., 1 Tabelle. DM 5,50

HEFT 844
Prof. Dr.-Ing. Otto Kienzle und
Dipl.-Ing. Klaus Greiner, Hannoversches Forschungsinstitut für Fertigungsfragen e. V., Technische Hochschule Hannover
Festigkeitsuntersuchungen an Klebverbindungen zwischen Schleif- und Tragkörpern
1960. 125 Seiten, 48 Abb., 10 Tabellen, 20 Anlagen. DM 35,—

HEFT 859
Prof. Dr. phil. nat. habil. Hans-Ernst Schwiete und
Dr.-Ing. Rolf Baur, Aachen
Hydrothermalsynthese und Strukturuntersuchung an synthetischem Montmorillonit
1960. 104 Seiten, 44 Abb., 29 Tabellen. DM 28,70

HEFT 903
Prof. Dr.-Ing. Bernhard Renfert †,
Baurat Dipl.-Ing. Karl Heisig und
Dipl.-Ing. Josef Thelen, Lehrstuhl für Straßenbau, Erd- und Tunnelbau der Rhein.-Westf. Technischen Hochschule Aachen
Untersuchungen über Bodenverfestigung des Untergrunds zur Feststellung der technischen und wirtschaftlichen Auswirkungen auf den Unterbau bzw. auf die Straßenbetonfahrbahnplatten sowie Untersuchungen flexibler Deckenkonstruktionen auf verschiedenen Unterbauarten
1960. 136 Seiten, 62 Abb., 15 Anlagen, 10 Tabellen. DM 39,10

HEFT 910
Prof. Dr.-Ing. habil. Kurt Walz, Forschungsinstitut der Zementindustrie, Düsseldorf
Der Einfluß einer Wärmebehandlung auf die Festigkeit von Beton aus verschiedenen Zementen
1960. 39 Seiten, 17 Abb., 5 Tabellen. DM 12,60

HEFT 921
Dr.-Ing. Kamillo Konopicky und
cand. phys. Karl Wohlleben, Forschungsinstitut der Feuerfest-Industrie, Bonn
Untersuchungen zum Gang des Torsionsmoduls mit der Temperatur an Wannensteinen
1960. 23 Seiten, 10 Abb., 4 Tabellen. DM 8,40

HEFT 948
Prof. Dr. phil. nat. habil. Hans-Ernst Schwiete und
Dipl.-Ing. Udo Ludwig, Institut für Gesteinshüttenkunde der Rhein.-Westf. Technischen Hochschule Aachen
Der Tuff, seine Entstehung und Konstitution und seine Verwendung im Baugewerbe im Spiegel der Literatur
1961. 68 Seiten, 8 Abb , 20 Tabellen. DM 18,80

HEFT 956
Prof. Dr. phil. nat. habil. Hans-Ernst Schwiete,
Dipl.-Ing. Udo Ludwig und
Dipl.-Ing. Karl-Heinz Wigger, Institut für Gesteinshüttenkunde der Rhein.-Westf. Technischen Hochschule Aachen
Die Konstitution einiger rheinischer und bayrischer Trasse
1961. 44 Seiten, 17 Abb., 14 Tabellen. DM 13,40

HEFT 977
Dr.-Ing. Gottfried Kronenberger, Institut für Baumaschinen und Baubetrieb der Rhein.-Westf. Technischen Hochschule Aachen
Untersuchungen über die Verdichtungswirkung und das Arbeitsverhalten eines Einmassenrüttlers auf Schotter und Kiessand zur Ermittlung der maßgeblichen Einflußgrößen bei der Rüttelverdichtung
1961. 96 Seiten, 36 Abb., 17 Tafeln, 7 Tabellen. DM 27,70

HEFT 978
Prof. Dr. phil. nat, habil. Hans-Ernst Schwiete und
Dipl.-Ing. Udo Ludwig, Institut für Gesteinshüttenkunde der Rhein.-Westf. Technischen Hochschule Aachen
Das Verhalten von rheinischem und bayrischem Trass in hydraulischen Bindemitteln
1961. 82 Seiten, 27 Abb., 25 Tabellen. DM 24,70

HEFT 979
Prof. Dr. phil. nat. habil. Hans-Ernst Schwiete und
Dipl.-Ing. Udo Ludwig, Institut für Gesteinshüttenkunde der Rhein.-Westf. Technischen Hochschule Aachen
Die Bindung des freien Kalkes und die bei den Trass-Kalk-Reaktionen entstehenden Neubildungen
1961. 59 Seiten, 18 Abb., 13 Tabellen. DM 18,—

HEFT 995
Prof. Dr.-Ing. Hermann Reiher und Dr. phil. Dietrich von Soden, Institut für technische Physik der Fraunhofer-Gesellschaft, Stuttgart
Einfluß von Erschütterungen auf Gebäude
1961. 45 Seiten, 11 Abb. DM 13,90

HEFT 998
Prof. Dr. phil. nat. habil. Hans-Ernst Schwiete, Dr. phil. Hermann Müller-Hesse und Dipl.-Chem. John Egon Planz, Institut für Gesteinshüttenkunde der Rhein.-Westf. Technischen Hochschule Aachen
Untersuchungen über Festkörperreaktionen im System $BaO—Al_2O_3—SiO_2$ mit Hilfe der Infrarot-Spektroskopie
1961. 169 Seiten, 82 Abb., 32 Tabellen. DM 49,—

HEFT 1005
Prof. Dr.-Ing. habil. Kurt Walz, Dr.-Ing. Justus Bonzel, Forschungsinstitut der Zementindustrie, Düsseldorf
Festigkeitsentwicklung verschiedener Zemente bei niederer Temperatur
1961. 42 Seiten, 25 Abb., 7 Tabellen. DM 15,10

HEFT 1012
Dr. rer. pol. Theo Beckermann, Dipl.-Kfm. Meinolf Wulff, Rheinisch-Westfälisches Institut für Wirtschaftsforschung, Essen
Entwicklung und Situation des Baumarktes
1961. 119 Seiten, 5 Abb., 10 Tabellen. Strukturtabellen 1–35. DM 34,10

HEFT 1026
Prof. Dr. phil. nat. habil. Hans-Ernst Schwiete und Dipl.-Chem. Hans Georg Ritt, Institut für Gesteinshüttenkunde der Rhein.-Westf. Technischen Hochschule Aachen
Beitrag zur Konstitution und Wirkungsweise plastifizierender und lufteinführender Betonzusatzmittel
1962. 58 Seiten, 23 Abb., 5 Tabellen. DM 19,90

HEFT 1047
Prof. Dr.-Ing. habil. Kurt Walz und Dr.-Ing. Gerd Wischers, Forschungsinstitut der Zementindustrie, Düsseldorf
Beton als Strahlenschutz für Kernreaktoren
1961. 51 Seiten, 17 Abb., 6 Tabellen. DM 18,70

HEFT 1048
Dr.-Ing. Kamillo Konopicky, Dr. Ingeborg Patzak und Dipl.-Phys. Karl Wohlleben, Forschungsinstitut der Feuerfest-Industrie, Bonn
Über den Glasanteil in Silikatsteinen
1961. 25 Seiten, 6 Abb., 7 Tabellen. DM 11,—

HEFT 1076
Prof. Dr. phil. nat. habil. Hans-Ernst Schwiete, Dr. Rainer Gauglitz, Dipl.-Ing. Christoph Ackermann, Institut für Gesteinshüttenkunde der Rhein.-Westf. Technischen Hochschule Aachen
Der Einfluß der Art, der Korngröße und der Kationenbelegung von Montmorillonit auf sein thermochemisches Verhalten
1962. 49 Seiten, 23 Abb., 5 Tabellen. DM 21,80

HEFT 1077
Prof. Dr. phil. nat. habil. Hans-Ernst Schwiete, Dr. phil. Hermann Müller-Hesse und Dipl.-Chem.-Ing. Oktay Tekin Orhun, Institut für Gesteinshüttenkunde der Rhein.-Westf. Technischen Hochschule Aachen
Über die Stabilität der Mineralien Kyanit, Andalusit und Sillimanit
1962. 67 Seiten, 24 Abb., 10 Tabellen. DM 31,60

HEFT 1090
Dr.-Ing. Kamillo Konopicky, Dipl.-Chem. Emil Karl Köhler und Dr.-Ing. Wilhelm Lohre, Forschungsinstitut der Feuerfest-Industrie, Bonn
Aufbau und Eigenschaften des Kanalisationssteinzeugrohres
Einfluß der Rohstoffe und Herstellungsbedingungen
1962. 85 Seiten, 53 Abb., 15 Tabellen. DM 46,—

HEFT 1096
Dr.-Ing. Kamillo Konopicky, Dipl.-Chem. Emil Karl Köhler, Forschungsinstitut der Feuerfest-Industrie, Bonn
Die Veränderung der keramisch-technologischen Eigenschaften und des Mineralaufbaues verschiedener Tone beim Brennen
1962. 46 Seiten, 23 Abb., 3 Tabellen. DM 27,50

HEFT 1186
Prof. Dr. phil. nat. habil. Hans-Ernst Schwiete und Dipl.-Ing. Friedrich-Carl Dölbor, Institut für Gesteinshüttenkunde der Rhein.-Westf. Technischen Hochschule Aachen
Einfluß der Abkühlungsbedingungen und der chemischen Zusammensetzung auf die hydraulischen Eigenschaften von Hämatitschlacken
1963. 119 Seiten, 52 Abb., davon 1 Abb. farbig, 18 und 38 Tabellen. DM 59,60

HEFT 1241
Dr.-Ing. Kamillo Konopicky, Forschungsinstitut der Feuerfest-Industrie, Bonn
Über die Zonenbildung bei der Reaktion von Glas mit feuerfesten Steinen, vorzugsweise Schamotte-Wannensteinen
1963. 43 Seiten, 23 Abb., 1 Tabelle. DM 22,50

HEFT 1288
Prof. Dr. phil. nat. habil. Hans-Ernst Schwiete und Dipl.-Chem. Emil Karl Köhler, Institut für Gesteinshüttenkunde der Rhein.-Westf. Technischen Hochschule Aachen
Über Aufbau, Eigenschaften und Prüfmethoden feuerfester Mörtel
1964. 136 Seiten, 73 Abb., 19 Tabellen. DM 67,—

HEFT 1299
Prof. Dr. phil. nat. habil. Hans-Ernst Schwiete und Dr.-Ing. Helmut Neises, Institut für Gesteinshüttenkunde der Rhein.-Westf. Technischen Hochschule Aachen
Untersuchungen über die Verschlackung von Schamotte-Pfannensteinen
1964. 125 Seiten, 52 Abb., 42 Tabellen. DM 62,50

HEFT 1321
Prof. Dr.-Ing. Wolfgang Triebel und Dipl.-Ing. Günter Meyerhoff, Institut für Bauforschung e. V., Hannover
Elemente und Maßstäbe der Produktivität
In Vorbereitung

HEFT 1322
Prof. Dr.-Ing. Wolfgang Triebel und Dipl.-Ing. Erichbernd Brocher, Institut für Bauforschung e. V., Hannover
Wirtschaftlichkeit der Vorfertigung bestimmter Elemente im Hochbau
1964. 50 Seiten, 17 Abb., 4 Tabellen. DM 23,—

HEFT 1323
Obering. Gerhard Piltz, Institut für Ziegelforschung Essen e. V., Essen-Kray
Untersuchung der Möglichkeiten der Aufhellung der Brennfarben von Ziegelrohstoffen
1964. 44 Seiten, 9 Abb., 15 Tabellen. DM 18,80

HEFT 1336
Prof. Dr. phil. nat. habil. Hans-Ernst Schwiete und Dipl.-Ing. Claus Metzger, Institut für Gesteinshüttenkunde der Rhein.-Westfäl. Technischen Hochschule Aachen.
Methoden zur Untersuchung des Fließverhaltens von feuerfesten Baustoffen bei hohen Temperaturen
1964. 28 Seiten, 12 Abb. DM 15,30

HEFT 1337
Prof. Dr. phil. nat. habil. Hans-Ernst Schwiete und Karl-Heinz Karsch, Institut für Gesteinshüttenkunde der Rhein.-Westf. Technischen Hochschule Aachen
Einfluß der Vorbehandlung auf das chemische und mechanische Verhalten binärer Alkaliboratgläser
1964. 37 Seiten, 22 Abb., 3 Tabellen. DM 19,—

HEFT 1338
Prof. Dr.-Ing. Otto Kienzle, Institut für Werkzeugmaschinen und Umformtechnik an der Technischen Hochschule Hannover
Der Verschleiß an Preßformen bei der Herstellung von Schleifkörpern. Teil I und II

HEFT 1339
Prof. Dr. A. Dietzel, Max-Planck-Institut für Silikatforschung Würzburg, im Auftrage der Deutschen Keramischen Gesellschaft e. V., Bad Honnef
Untersuchungen über die Spannungsverteilung im System Mörtel-Scherben-Glasur bei angelegten Wandplatten
In Vorbereitung

HEFT 1341
Prof. Dr. phil. nat. habil. Hans-Ernst Schwiete, Dr. phil. Hermann Müller-Hesse und Dipl.-Ing. Ehrhardt Wilkendorf, Institut für Gesteinshüttenkunde der Rhein.-Westf. Technischen Hochschule Aachen
Untersuchungen an Al_2O_3 : SiO_2-Mineralien als Rohstoffe für feuerfeste Erzeugnisse
1964, 53 Seiten, 26 Abb., 13 Tabellen. DM 28,—

HEFT 1342
Dipl.-Chem. Dr. Paul Ney, Forschungslaboratorium des Bundesverbandes der Deutschen Kalkindustrie e. V., Köln-Raderthal
Einfluß der Zusammensetzung der flüssigen Phase beim Löschvorgang auf die Plastizitätseigenschaften des Kalkes nach Emley
1964, 57 Seiten, 7 Abb., 28 Tabellen. DM 25,40

HEFT 1343
Prof. Dr.-Ing. habil. Adolf Dietzel, Direktor des Max-Planck-Instituts für Silikatforschung, Würzburg
Untersuchungen über das Schnellkühlverfahren bei Steinzeug.
Gefügeaufbau des Scherbens von Isolatorenporzellan
1964. 16 Seiten, 3 Abb. DM 8,90

HEFT 1345
Dipl.-Ing. Herbert Menkhoff, Institut für Baumaschinen und Baubetrieb der Rhein.-Westf. Technischen Hochschule Aachen
Raumgewichtsbestimmung mit radioaktiven Isotopen
1964. 96 Seiten, 62 Abb., 14 Tabellen. DM 51,50

HEFT 1346
Dr.-Ing. Armin Horn, Institut für Verkehrswasserbau, Grundbau und Bodenmechanik der Rhein.-Westf. Technischen Hochschule Aachen
Die Scherfestigkeit von Schluff
1964, 293 Seiten, 150 Abb., 1 Tabelle. DM 112,—

HEFT 1351
Obering. Gerhard Piltz, Institut für Ziegelforschung Essen e.V., Essen-Kray
Vergleich der in der Grobkeramik angewandten Untersuchungsmethoden in bezug auf ihre Aussage über technologisches Verhalten der Rohstoffe und der Eigenschaften der daraus gefertigten Erzeugnisse
1964. 64 Seiten, 15 Abb., 19 Anlagen, 7 Tabellen. DM 31,—

HEFT 1378
Rheinisch-Westfälisches Institut für Wirtschaftsforschung, Essen
Öffentliche Hand und Baumarkt — Voraussetzungen und Möglichkeiten einer Koordinierung
1964. 56 Seiten, 3 Schaubilder, 1 Tabelle. DM 19,50

HEFT 1380
Dipl.-Phys. Karl Wohlleben, Forschungsinstitut der Feuerfest-Industrie Bonn
Studien zur Anwendbarkeit der Röntgen-fluoreszenzanalyse für die quantitative Analyse
Röntgenfluoreszenzanalyse von tonerdereichen Substanzen
In Vorbereitung

HEFT 1382
Prof. Dr.-Ing. Dr. h. c. Herwart Opitz, Dozent Dr.-Ing. J. Peklenik und Dipl.-Ing. W. Ernst, Laboratorium für Werkzeugmaschinen und Betriebslehre der Rhein.-Westf. Technischen Hochschule Aachen
Im Auftrag des Vereins Deutscher Schleifmittelwerke e.V. Forschungsgemeinschaft Schleifscheiben, Beuel a. Rh.
Untersuchung der Härte von Schleifkörpern
In Vorbereitung

HEFT 1383
Dr.-Ing. Kamillo Konopicky, Dr.-Ing. Wilhelm Lohre und Gerald Routschka, Forschungsinstitut der Feuerfest-Industrie, Bonn
Zur Frage des synthetischen Mullits
In Vorbereitung

HEFT 1386
Architekt Karl Richard Kräntzer und Rolf Heitmann, Institut für Bauforschung e. V., Hannover
Leiter: Prof. Dr.- Ing. Wolfgang Triebel
Preisindex und Baukosten im Wohnungsbau. Einflüsse auf Aufwand und Baukosten und ihre Auswirkung auf die Anwendungsmöglichkeiten der Baupreisindices für Preis- und Kostenvergleiche
In Vorbereitung

HEFT 1392
Dipl.-Chem. Egid M. M. G. Niel, Institut für Gesteinshüttenkunde der Rhein.-Westf. Technischen Hochschule Aachen
Direktor: Prof. Dr. phil. nat. habil. Hans-Ernst Schwiete
Untersuchungen über die Reaktionen im System Klinker-Sulfat-Wasser in den ersten Minuten nach der Wasserzugabe
In Vorbereitung

HEFT 1412
Dipl.-Chem. E. Benkel, Institut für Fußbodenforschung und -materialprüfung der Fraunhofer-Gesellschaft zur Förderung der angewandten Forschung e. V., Bonn
Einbau organischer Körper in die Oberfläche von Steinholzbelägen zur Erhöhung der Güteeigenschaften
In Vorbereitung

HEFT 1427
Prof. Dr. phil. nat. Habil. Hans-Ernst Schwiete und Dipl.-Ing. Heinz Klein, Institut fur Gesteinshüttenkunde der Rhein.-Westf. Technischen Hochschule Aachen
Über Verformungsmessungen an feuerfesten Materialien unter hohen statischen, dynamischen und thermischen Beanspruchungen
In Vorbereitung

HEFT 1441
Prof. Dr. phil. nat. habil. Hans-Ernst Schwiete Dipl.-Ing. P. Kastanja und Dr.-Ing. U. Ludwig, Institut für Gesteinshüttenkunde der Rhein.-Westf. Technischen Hochshule Aacken
Das mörteltechnische und chemische Verhalten verschiedener Trasse und Gesteinsmehle in Verbindung mit Kalk in wäßrigen Lösungen
In Vorbereitung

HEFT 1449
Frau Prof. Dr. Eleanor Consten von Erdberg, Institut für Kunstgeschichte der Rhein.-Westf. Technischen Hochschule Aachen
Grundsätze des Wohnens im westlichen und östlichen Raum; Baustil und Bautechnik in Amerika und Japan
In Vorbereitung

HEFT 1451
Prof. Dr. phil. nat. habil. Hans-Ernst Schwiete und Dipl.-Ing. Friederich Ellies, Institut für Gesteinshüttenkunde der Rhein.-Westf. Technischen Hochschule Aachen
Untersuchungen über die Abriebfestigkeit keramisch gebundener und schmelzgegossener, feuerfester Steine bei hohen Temperaturen
In Vorbereitung

HEFT 1453
Günter Serwatzky, Forschungsinstitut der Feuerfest-Industrie e. V., Bonn
Die Bestimmung der Korngrößenverteilung von Tonmineralien
In Vorbereitung

HEFT 1464
Prof. Dr.-Ing. Wolfgang Triebel und Rat.-Ing. Dirk Gerdes, Institut für Bauforschung e. V., Hannover
Energieersparnis durch Verbesserung des baulichen Wärmeschutzes
In Vorbereitung

HEFT 1467
Dr.-Ing. Hermann Christoffel, Institut für Baumaschinen und Baubetrieb der Rhein.-Westf. Technischen Hochschule Aachen
Das Verhalten von Schotter in Gleisbettungen
In Vorbereitung

HEFT 1469
Dipl.-Chem. Dr. Paul Ney, Bundesverband der Deutschen Kalkindustrie e. V., Köln
Einfluß der Mörtelbestandteile und der Mörtelherstellung auf die Eigenschaften von Frischmörteln
In Vorbereitung

WESTDEUTSCHER VERLAG · KÖLN UND OPLADEN
567 Opladen/Rhld., Ophovener Straße 1–3

GPSR Compliance

The European Union's (EU) General Product Safety Regulation (GPSR) is a set of rules that requires consumer products to be safe and our obligations to ensure this.

If you have any concerns about our products, you can contact us on ProductSafety@springernature.com

In case Publisher is established outside the EU, the EU authorized representative is:

Springer Nature Customer Service Center GmbH
Europaplatz 3
69115 Heidelberg, Germany

Batch number: 10584556

Printed by Printforce, the Netherlands